書系緣起

早在二千多年前，中國的道家大師莊子已看穿知識的奧祕。莊子在《齊物論》中道出態度的大道理：莫若以明。

莫若以明是對知識的態度，而小小的態度往往成就天淵之別的結果。

「樞始得其環中，以應無窮。是亦一無窮，非亦一無窮也。故曰：莫若以明。」

是誰或是什麼誤導我們中國人的教育傳統成為閉塞一族。答案已不重要，現在，大家只需著眼未來。

共勉之。

化繁為簡的科學

管理商業裡無序、無法預測、無固定解問題的4大策略

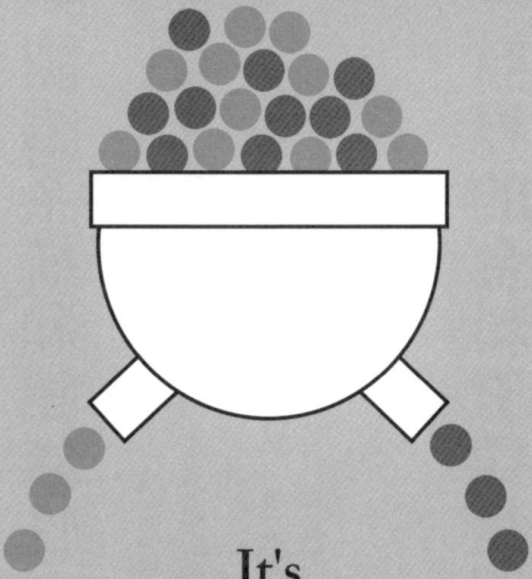

It's Not Complicated

The Art and Science of Complexity in Business

瑞克・納森
Rick Nason

吳慕書 譯

第5章

管理錯雜性

管理、處理錯雜性是人類與生俱來的技能，電腦辦不到。在商業環境中，有意識地思量管理錯雜性，是一項涵蓋四套不同策略或戰術的功能。它們分別是：（一）辨識出你正在處理哪一種類型的系統；（二）思考「管理之道，而非解決之道」；（三）運用一種「先試、後學、再適應」的經營策略；（四）培育錯雜性心態。

第6章

策略規劃的錯雜性

策略很錯雜這項事實意味著，所有表面上讓人不悅的錯雜性特徵都會在策略規劃中脫穎而出：無可預測性、缺乏可再製性、缺乏掌控性、偶然性作用、隨機性，以及無法採用優越技能、知識與複雜培訓。儘管如此，明確承認錯雜性存在，做計畫但不受限於計畫，才能在精確預測未來不可得的現實下，快速調適與反應現況。

第9章
錯雜的未來 —— 267

我們這個超級連結新世界，多的是更環環相扣的無限範圍，正在對著管理專業人員提出全新要求。商業中的錯雜性正將複雜思想家排擠出去，轉而為錯雜性思想家、以錯雜性為目的之企業與組織創造嶄新機會。命令與控制管理階層的時代，正讓路給容忍風險、先試、後學、再適應的管理階層。唯一可長可久的競爭優勢，屬於那些可以因應錯雜性的人。

致謝 —— 294

注釋 —— 297

序

曾有人問起德國物理學家亞伯特．愛因斯坦（Albert Einstein），當初是在什麼樣的因緣際會下發展出相對論，他說自己只是「質疑金科玉律」。所謂金科玉律，指的是某件事顯而易見、不容質疑。我不想拿自己與愛因斯坦相提並論，但確實想要質疑一道金科玉律：「商業真複雜」這項不言而喻的公認道理。

本書闡釋「複雜」（Complicated）與「錯雜」（Complex）議題之別的手法，好比科學家解釋「複雜」與「錯雜」。兩者之別合乎直覺、易於理解，卻又微妙、深刻，是一道商界管理階層必須有意識地領會、理解的區別。

質疑「商業真複雜」這則基本不曾有人闡明的公認道理，正是各位手上這本實體或電子版書籍的終極目的。你可能沒有將「商業真複雜」奉為金科玉律，更別提當成值得大書特書的公認道理。然而我將主張，在我們這個日益環環相扣的商業世界中，對兢兢業業、心胸開明的管

理階層來說，理解「複雜」與「錯雜」之別正是當務之急

本書在質疑「商業真複雜」這則公認道理的過程中，發展出一套思考商業問題與議題的嶄新方式，提供實用、常識性的介紹，一窺錯雜性的科學奧秘及相關商業應用，並鼓勵討論這套迷人有趣、典範轉移的方式，是如何聚焦管理問題並提供更完善的對應之道。本書有意扮演管理階層拆解錯雜性的實用指南，其中涵蓋錯雜性與當前的複雜性思維典範差異何在，以及有效因應錯雜議題的做法。

本書不會像愛因斯坦相對論那般深入闡述宇宙的驚人秘密，絕大篇幅肯定也不會像愛因斯坦的理論一般涉及高深的數學算式，更不會像愛因斯坦將狂野、過度活躍的想像力或飛躍式創造力的想法帶入物理學領域。本書唯一的要求，只是一股有目的的好奇心與開放心態——兩者皆攸關商業概念，以及所有層級的領導人如何讓自己的組織敏捷有效率，而且在一個日益錯雜的世界中可以更遊刃有餘地競爭。

在當前經濟動盪不安、金融機構承受風險、職場壓力升高、人口變化與時間壓力沉重的時代背景下，為何還會有人想要寫一本關於錯雜性的專書？商界管理階層全力以赴的目標，不就是要化繁為簡嗎？在答覆這道問題之前，有必要暫退一步，簡要解釋何謂錯雜性。首先，「錯雜」與「複雜」雖然一般使用時多半被視為同義詞，實不相同。舉生物學家為例，複雜議題是

指可以採取有系統、合邏輯的方式區分並處理的各種構成要素，因為它們全都倚賴一套諸如物理定律之類的靜態規則或算式；錯雜議題則指無法被大卸八塊的類型，因此毫無規則、算式，或是我們可以在物理學中發現的自然定律可循。複雜情況是指亂中有序並帶有因果關係，因此我們有能力重製結果；錯雜類事物則是毫無頭緒、無法控制或無以預測。採取承認錯雜性的立場，即是體認整體通常比所有要素總和更強大，更重要的是，整體也與所有要素總和截然不同。錯雜性明確闡明事物錯綜交織，以及它如何導致適應性行為、無領袖崛起等種種引人入勝的特徵。

錯雜性或許可以更精確定義為錯雜性科學。正如本書所解釋，它是一套檢視眾人與事件如何交互作用、與時俱進的方式。這句話聽起來像是一道非常哲學、抽象的概念，實為一套讓我們在生態、醫學和社會工程等眾多領域取得長足進步的實用架構。工程師、科學家和生態學家就錯雜性觀點長考大約五十年，此際正輪到商界思考自身領域所能提供的珍貴、有趣教訓。

在現代商業環境中，錯雜性現身許多領域，網路安全、金融市場、經濟動盪、人口變化、社群媒體活動、政治和行銷等，都只是幾門錯雜性扮演要角的商業相關領域。錯雜性也在管理階層管理團隊、客戶甚至自己的日常活動中屢見不鮮。

錯雜性思維與我所稱的複雜性思維背道而馳。複雜性思維隱喻一種假設，亦即事事物物聽命於某一道公式或宏大設計運作，只要充分動腦思索、理解其根本機制，就足以為人所控。它是一種以科學及技術為中心的世界觀，假設凡事必有解答，而且保證純粹、絕不改變。就基礎科學而言，這套思考方式已獲證明在絕大多數情況下行得通，確實也在我們理解大自然與物理世界的過程中締造顯著進展。在工業革命、工廠占據主導地位期間，複雜性思維也頗有成效。然而，在嶄新的全球化、環環相扣的「知識經濟」中，複雜性思維就像恐龍，已是過往史事的一部分。

反之，錯雜性思維具備解釋形形色色事件的力量，諸如為何某些產品看似瞬間暴紅，但其他類似或是更優質的產品卻波瀾不興完全滯銷。錯雜性正足以解釋為何某些YouTube影片得以病毒式瘋傳。儘管政治家、經濟學家與法規監管機構竭盡全力，祭出機敏的金融分析師與精通政策的專家採用的精密分析工具，仍無法自圓其說諸如二〇〇八年金融海嘯、二〇一〇年歐洲債務風暴之類的經濟危機如何崛起，但錯雜性足以提供解釋。錯雜性協助我們參透網路龍頭Google、臉書（Facebook）等成功之秘，它是社群媒體和網際網路從根本上改變商業格局的機制。它協助決策者通盤明瞭全球趨勢，而且它們將改變策略規劃。它也讓管理階層面對職場日益多元化、勞動力人口交替轉換之際，理解自家企業的運作效能。一言以蔽之，錯雜性可以協助商業領導人明察、想通各式各樣商業現象的道理。複雜性思維只能個別解釋事物，但錯雜性思維足以解釋交織、連結的眾人與社會如何以整體全面的方式演化。錯雜性也提供管理變化時期的指南，但唯有一開始就理解並領會錯雜性思維與複雜性思維之間的區別，才能掌握所有這些優勢和洞見。

因此，我們若欲繼續回答「為何寫一本關於錯雜性的專書？」這道問題，有必要體認七大關鍵事實。

一、錯雜性思維與複雜性思維可謂天壤之別。兩套思考方式涉及不同心態、不同期望值與不同的歧義容忍度；它們也涉及不同的屬性和技能。它們需要截然不同的管理技術。

二、錯雜性自然地同時存在於整體職場與經濟中，沒有任何管理階層或組織可以想出任何招數逃避或消滅它。當然，他們可以視而不見，但它不會因此自行消失。視而不見錯雜性也不是特別有效的因應之道。

三、雖說錯雜性不受控制，但可以管理；除此之外，錯雜性已獲許多不同類型的成功企業管理。誠然，在這個日益全球化與知識密集的經濟中，無論是刻意為之或無心插柳，錯雜性管理技術已是必要手段，諸如Google、亞馬遜（Amazon）、綜合國際集團3M和臉書等領跑企業，都採用錯雜性思維的原理推展業務、取得競爭優勢。在二〇〇八年和二〇一二年美國總統大選中，巴拉克・歐巴馬（Barack Obama）的宣傳活動應用錯雜性思維與錯雜性策略，因而成功造勢大獲全勝。美國軍隊採納錯雜性提升戰鬥力。多數成功企業家都隱隱約約或可能是在不知不覺中，與複雜性思維的慣例反其道而行，改用錯雜性開發嶄新業務。實際上，整體新興產業正發揮錯雜性的力量，躍為經濟成長的重要引擎。簡言之，錯雜性思維有助企業成功。

四、主導企業的心態就像是複雜思想家，完全站在錯雜性思維的對立面。商界與管理階層其實並不十分明白、理解或甚至承認複雜與錯雜系統之間的區別。事實上，就本質而言，錯雜性這門知識領域在企業領導人圈是未知之境。複雜性思維自有一定地位，有時實為必要，但實際上在多數關鍵管理情況下它的實用價值有限。複雜性思維通常不僅不合用，更是效率低下，會導致次等結果、徒勞無功與滿腹挫折，通常產生意想不到的後果並引爆災難結局。管理階層所能採用的營運心態中，複雜性思維通常是成效最低下的代表，多半會產出遠比什麼都不做還糟糕的成果。更不幸的是，複雜性思維就是預設心態。現在正是破舊除新的時候。

五、錯雜性思維不難，反而很合乎直覺、簡單，而且只需具備開放心胸與基本常識即可。然而，出於各種隨後我們將一一討論的原因，就算它獲得採用也是極少數個案。花些時間詢問某一項即使是芝麻小事的既定議題屬於複雜或錯雜範疇，都有可能極其有用、珍貴。

六、管理眾人是一項錯雜功能。管理一間組織不等於製作手表，後者可謂複雜任務。手表之所以運行，全拜彈簧、齒輪和槓桿的物理原理所賜，必須採取極度精準的方式組裝無數零件才能製作精美手表，是靠著這些流逝的分分秒秒獲取準度。然而，管理本身意味著與眾人打交道，他們不像彈簧或槓桿一般運行，而是藉由連結與組織相繫，同為錯雜的實體。他們一貫處於不斷的變動中，既以個體之姿也以集體型態力求適應、變化。眾人無法像手表的齒輪和彈簧一般集結成群，並被要求採取精確、既定的方式行事。你若想在管理界異軍突起，就得精熟管理眾人與各個團體之道。而實現這一步的條件，就是理解、領會、槓桿並尊重錯雜性的能力。

七、最後必須確認的概念，就是錯雜性思維有必要進行典範轉移。這類典範轉移有助加速你的職涯、組織乃至於整體經濟。或許企業管理史上從未出現眼前這等如此迫在眉睫的典範轉移。

總的來說，前述事實提供一道令人信服的論述，亦即任何人只要有意精進更完善的管理技術，就會對錯雜性產生興趣。這一點即是撰寫探討錯雜性專書的基本理由。

●本書由來

短時間內一連發生三起看似毫無相關的事件，讓我意識到有必要撰寫本書。它們分別是：（一）有一名學生在課堂上昏倒；（二）一場讓人沮喪、尷尬不已的電視採訪；（三）一場專業協會演說莫名其妙差點演變成聽眾打群架的意外。你可能會納悶，這三起事件有何共同之處？答案其實不複雜，但很錯雜；或者更精確地說，全與錯雜性有關。

珍妮佛是個案班學生，[1]她天資聰穎，成績總是名列前茅；我在商學院指導個案班，就像許多其他課程一樣教授真實的企業個案。當時，我們即將下課，但珍妮佛還想知道那天我們檢視的個案最終答案為何。席間我們已經討論幾種妥善處理業務情況的方式，以及各種手法的優劣之處。我一如探討所有出色個案般，陳述沒有絕對的正確答案，有些解方可能看起來優於其他選擇，但是在所有可能的情況下，實則沒有一翻兩瞪眼、比所有其他選項更可取的解方。我的回應未能讓珍妮佛打退堂鼓，放棄追問更明確的答案，也就是她心中更合意的答案。我採取幾種方式重申自己的觀點，亦即業務情況並非總能提供我們清晰明確的「答案」，而且商業學者不像物理學者一樣，可以走進控制得宜的實驗室測試不同想法與假設。儘管我費盡唇舌解釋這一切，珍妮佛反倒變得越來越激昂，最終竟然昏厥過去。我心想，這樣評價我的教學成果也太超過了吧。

珍妮佛的反應儘管稍微極端，就一名為自己設定超高目標的學生來說，並非什麼異常情事；若再擴大解釋，商界的專業精英確實都會期待能知道「答案」。這起事件誇張顯示出，我們已經制約整個世代的商學院學生，他們都是未來的管理階層，但僅站在非常客觀的是非對錯角度思考事情。尤有甚者，並非只有學生會採用這種方式思考，帶有好萊塢式偏見的管理階層，真的開口閉口都是「給我利潤，其餘免談」。就眼前情況來說，精細入微的答案儘管合宜或必要，卻不特別引人讚賞。

我稱這種自然結果為「史波尼克效應」（Sputnik effect；編按：史波尼克是人類史上第一顆人造衛星），指的是社會已經來到一種境界，亦即相信只要科學與科技雙管齊下，所有問題都能獲得解答，而且只要針對一項議題投入充足的智力資源，凡事都可搞定。當然，這只是一種錯覺，因為世界上許多最棘手的問題，解方都是亂七八糟或存在部分混亂。同理，商界多數最艱難的挑戰也沒有一翻兩瞪眼的解方。尤有甚者，倘若一套解方看似存在，很有可能也是瞬息萬變，因為昨日的有效之道今天或明日可能失靈。儘管如此，我們的教育體系一如商業世界喜歡處理可以測量的絕對值，少有事物像教學一樣絕對，還會測驗並隨後獎勵基於複雜性思維的學生。

第二樁激勵我動筆撰寫本書的事件，是我接受當地電視台六點鐘整點新聞的採訪。當時正值二〇〇八年金融海嘯高峰，整場採訪原本好端端的，直到採訪者提出一道總結訪談的問題：「我們該如何解決危機？」為了製造完美效果，甚至刻意加上時限：「我們只剩二十秒。」對方是經驗老到的新聞主播，我相信絕非有意要讓我出糗，但我一整個驚呆了。我還以為自己早已清楚、明確闡述一連串導致危機爆發的直接、間接原因，現在卻收到一道打包指令，要我將整鍋煮熟的義大利麵條整齊地放回原本裝著生麵條的紙盒中。我結結巴巴地胡謅一段幾乎只知道是在講英語，但聽不懂在鬼扯什麼內容的結論。在我笨嘴拙舌地想要說出有連貫性的答案，好讓每件事一如採訪者期望可以漂漂亮亮、整整齊齊地收尾之際，我只希望這段二十秒鐘別再感覺像是幾小時般漫長。

我的這場電視採訪經驗是一道很清楚的例子，足以說明媒體以致全體社會大眾多麼期待接收到簡單、一翻兩瞪眼的答案，卻無視問題或議題本身的深度與廣度。就金融海嘯這類議題而言，沒有魔法解方可言，更別提可以在短短二十秒內就清楚闡明的魔法解方。因應諸如經濟危機之類的議題，有各式各樣的細微差別，卻欠缺處理細微差別的意願，更別提破除內嵌於政治和經濟意識形態的各道層次，以便認清潛藏其下各種因素的錯雜性。尤有甚者，呼求「答案」的舉措製造出一種全球經濟有如機械表一般運作的隱喻假設，當這只表故障了，只需找出損壞的彈簧或斷裂的齒輪，替換新零件就好。這是一廂情願的世界觀，不僅天真、更是有害。當我被推到電視攝影機前才開始明白，以複雜性思維為基礎、以技術為中心的世界觀，確實極不合宜。

最後一樁說服我有必要撰寫本書的事件，是我發表一場公共演說得到的回應。在座聽眾都是風險控管領域的專業經理人，我的講題是「我們走歪了嗎？」，主要是建議金融與風險控管經理人應該尋求更全面的解方，而非單靠各式理論與最新電腦模型提供簡化的數學解方。雖然我自認為演說內容其實是基於常識，還滿淺顯易懂，但演說中途有些聽眾自行分裂成兩派人馬，掀開一場名副其實的叫囂比賽，甚至演說結束後繼續升級，轉戰至走廊上越演越烈。我留意到一道很有趣的現象，就同意或反對我的觀點而言，有兩大立場截然相反的「陣營」，差異之處與「討論者」的年齡息息相關，年紀偏高的成員同意我的論點，但偏低的聽眾有可能學歷更高，強烈反對我的主張。雖然我具備「適合」的學歷，卻清楚意識到自己「老了」。

我們或許很容易就能看出，新聞記者缺乏某一門特定領域的專業知識，而且不斷需要追逐下一則新聞，可能會採取簡化視角看待錯雜性問題，因此提出「請在二十秒內告訴我們如何解決難題」的天真問題。同理，學生稚嫩、零經驗，也許會引領他們假設有可能得出一翻兩瞪眼的解方。然而我的經驗是，即使最龐大、最精密的組織聘用全世界最經驗老到、訓練有素的業務從業人員，這類觀點在內部也屢見不鮮。儘管強烈證據顯示，解決所有問題與議題的具體、決定性解方不一定存在，但這種信念早已廣為流傳。因此，撰寫本書的第三道動力，也就是身為風險管理專家的聽眾所產生的反應，讓我徹底領悟這道問題的真實範疇。一旦許多議題錯雜難搞，採取這類手段也無解時，我們全都想要可以像處理複雜問題一般掌控、管理自己的世界。這一點深遠影響我們命令與控制的渴望。複雜性思維根本不適用於錯雜問題！

這三起事件深遠影響我探究商界管理階層的思考之道，以及商業界與科學或醫學等其他學科的創造性思維之間的相似性。雖然商業被視為「軟性、模糊」的學科，科學與醫學則是「硬性、客觀」的學科，但商業界要求並期望能在重要議題取得具體、明確的答案，反倒是科學與醫學比較寬容，慣於笑看歧義、不完美，而且決定性答案往往就是不存在、不可得或甚至概念上不可行的事實。其間的諷刺意味讓我頗為震驚。

現代商界成員涵蓋顧問、專家、企管碩士和精通媒體的商業領導人，已經打造出一道期待與一股信念，亦即唯有發揮充分的聰明才智與批判性思維，用於解決任何商業或經濟問題，最終將可找出一道完美可行的解方。這股信念不僅缺乏根據，更有誤導性，直接引領我們邁向失望終點，還會導致適得其反、可能有害的行動。

本書的中心主旨是商業世界通常錯雜但不複雜。這聽起來像是在玩文字遊戲，但是「複雜性思維」和「錯雜性思維」之間的區別十分深遠。科學界已經廣為接受這道重要區別，商界卻幾乎無人聽聞。因此，撰寫本書的最終基本理由就是矯正這道疏失，並從中萃取出一點也不複雜的寓意。

●本書內容

本書採用非技術用語的方式闡釋錯雜性，寫作方面特別側重與商界管理階層切身相關的方式。市面上有許多好書、佳文介紹錯雜性，但都是採取生物學家、理論經濟學家、數學家或電腦科學家的語言寫就。然而，錯雜性在商界自有其實用、重要的地位，因此商界與商業管理皆是本書聚焦的重點。

有能耐管理錯雜性的第一步，就是清楚辨明何謂錯雜、何謂複雜。第一章〈認識系統和錯雜性〉先解釋錯雜與複雜系統之別，並提供一套區分兩者的架構。第一章也介紹第三道概念，亦即簡單系統與簡單問題。區別眼前情況屬於簡單、複雜或錯雜的能耐本身，就足以歸結出意義重大的深刻見解，以及更有成效的決策與管理。

第二章〈商界的金科玉律是假的〉突顯某些不實的商業公認道理或迷思，它們導引我們假設眼前事件屬於複雜類型，但實際上它們應被歸納為錯雜類型。理解並承認這些不實的公認道理至關重要，因為這樣能協助我們更全面領會，在普遍盛行的複雜性思維之外，著實需要錯雜性思維做為補充。

第三章〈一點也不複雜〉探討我們與生俱來就自動接受複雜性思維，並視為預設心態的傾向，以及為何這種傾向導致我們制定決策、解決問題時效率低下。重要的商業問題鮮少屬於複雜類型，最有趣、最具挑戰性和最有價值的問題往往屬於錯雜類型。就個人與組織層面而言，逆轉複雜性思維根深柢固的習慣是商業成功的關鍵。誠然，錯雜性思維對各層級監管者、政客與利益關係人至關重要，更全面地領會、理解複雜性與錯雜性思維，將有助他們做出更完善的政策、策略與戰術決定。

第四章〈錯雜性的精妙之美〉更詳細闡述基於錯雜性系統的基本特徵和動力，以及它們如何充分應用在商業環境中。在此會特別討論錯雜性如何生成的基本要素。資本主義不同於背道而馳的計劃經濟，其本質是一套動態、錯雜的系統。競爭是資本主義的基石之一，也是錯雜動力的完美催化劑；借力科技與社群媒體串連等其餘要素，則是加速並提升商業的錯雜性。人類就本質而言屬於錯雜類型，因此人類為了有益客戶而經營商業活動這項事實，便意味著商業中諸多突顯我們人類特質的事宜便是在彰顯錯雜性。

第五章〈管理錯雜性〉提出四大管理錯雜性的必要策略。管理錯雜性往往需要反直覺的思維；或者，就抱持複雜性心態的人來說，至少聽起來是反直覺。本章提供一系列解釋並列舉數道例子，闡述為何反直覺的手段往往收效最佳。特別是，我們在此會討論管理連結性、乍現這幾道關鍵的錯雜性要素，繼而深究在當前商業環境中它們扮演的角色日益重要。全球資訊經濟提供許多格外實用的例證。

在第六章〈策略規劃的錯雜性〉中，我探討策略分析與規劃，它們可能是商業中複雜性思維扎根最深的領域。然而，就管理而言，它們也是採用複雜性思維管理錯雜性情況導致負面後果最普遍可見的領域。本章採行個案研究的方式檢視羅伯・S・麥納瑪拉（Robert S. McNamara）教授的職涯。他原被譽為一九五〇年代的「哈佛十傑」（The Whiz Kids）之一，堪稱複雜思想家的縮影，但後來改弦易轍，推崇錯雜性思維的策略價值。本章後半段檢視預測與長期規劃的相關議題。有些人主張，管理階層有必要十分明白，預測和規劃過程中哪些方面屬於複雜類型，哪些屬於錯雜類型，這樣他們才能善用最合用的預測技術，策略規劃的意涵也才因此更加明確。

第七章〈錯雜性經濟〉是在探討思維變化正在推動經濟學轉型，從簡化派研究領域轉向錯雜性經濟學思維的全新道路。雖然錯雜性經濟學與密切相關的經濟物理學（econophysics，編按：一門利用物理學方法和模型研究經濟現象的新興學科）依舊存在爭議，卻正在挑戰經濟學領域中神聖不可冒犯的學說，諸如均衡和收益遞減的觀念，並採用連結性與錯雜性取代它們。本章比較傳統與當代商業媒體及企業，也舉例說明企業集團與當今社群媒體企業的時代，以便闡述經濟學環境的諸多變化。

第八章討論〈風險管理與錯雜性〉。所有管理階層無論職稱是否明確標示「風險」，其實全是風險管理人。風險管理與伴隨相生的法規通常特別受到複雜性思維影響，因而產出不理想的結果。本章將取經一道具體事例，探討金融風險定價模型的發展，以及二〇〇八年是如何在市場的錯雜性一面倒地壓過複雜性思維（正是後者催生出風險模型與扮演監督角色的法規架構），導致它們分崩離析。

最後一章〈錯雜的未來〉解釋為何商業環境將可能繼續變得更錯雜，導致複雜性思維的重要性顯著下降；同時會陳述，對商界管理階層來說，錯雜性思維如何能夠變得更像是一道廣為接受的典範。我主張，錯雜性思維深具挑戰、充滿動力且有利可圖，並以此總結本書。錯雜性不是一道讓人恐懼的概念，而是躬逢盛世的概念。所有思想開明的商界管理階層與領導人都應該熱情地張開雙臂擁抱錯雜性。

本書的目的並非為錯雜性提供決定性的科學指南，雖然錯雜性已經成為學術研究中一門非常活躍、令人興奮的領域，但發展嚴重不足、鮮見探索，就這一點而言，我們身處的商業情況尚且無法採用完整的科學方式來處置。因此，本書將不會揭示各種錯雜性的基礎理論或各派學術思想，除非它們直接適用商業；同理，它也不會涵蓋錯雜性的數學發展。

可能有人主張，錯雜性不過只是一種比喻，象徵商界管理階層在決策過程中可能必須考慮的某種元素。不過，我相信有必要進一步具體說明它的重要性。我相信，錯雜性是一種商業、市場與整體經濟不可忽視的要素，證據十分充分、明確。管理階層必須意識這道現實並據此調整自己的心態，這一點至關重要。「世界真複雜」這道高占上風的典範，日益被證明是一道天真的幻想。

你閱讀本書時，我深信你不會讀到昏倒、一頭霧水或火冒三丈；反之，我希望你發現本書充滿實用概念，足以豐富你的思維，並有助你激發切合實際、有效而且有利可圖的商業構想與解方。這一點也不複雜。

第1章 認識系統和錯雜性

●系統思維

如果你查看英文字典會發現，「complicated」和「complex」兩字是同義詞。誠然，在一般使用情況下，這兩個單字多半可以交替使用，但如果你請教新墨西哥州的聖塔菲研究院（Santa Fe Institute）科學家，就會得到截然不同的定義。這家多學科研究中心專門研究錯雜性科學如何影響社會。聖塔菲研究院內部的多學科科學家採取系統的觀點思考。系統思維僅是一種吸睛的分類方式，區別事物如何運作或任務如何完成，應用於生物學、工程學和政治學領域至今大有斬獲，它也是解釋我們這個環環相扣的數位世界如何成長與運作的重要環節。對系統科學家來說，「複雜」與「錯雜」指涉兩套截然不同的系統類型。本書論述有關系統思維，更具體來說，本書將解析，當簡單、複雜與錯雜系統應用在常見商業問題時，其間有何重要區別。

請試想，幾乎每一家企業在每個工作天都要執行三項不同任務：煮咖啡、編製會計報表及製作業務簡報。這三項任務沒什麼特別，事實上大家多半覺得它們平凡乏味。然而，每一項任務都涉及不同程度的複雜性與錯雜性，也都需要不同程度的知識、技能與專業見解。科學家視每一項任務為一種系統類型；工程師則是可能會為每一項任務繪製一道流程圖；管理階層反倒是完全不經意識思考，直接捲起袖子幹活。現在，正是時候讓管理階層像科學家與工程師一樣，有意識地認清其間區別。

首先請思考煮咖啡這項任務，它是簡單系統的例子。無論就字彙本身的日常意義而言，或是就系統思維的技術層面意義而言，它都很簡單。一套簡單系統或一項簡單任務，具有三大主要特徵：（一）相對容易確定是否可以獲得成功結果；（二）有一組步驟或配方可以產出一項讓人可以接受的結果；（三）完成這項任務的諸多步驟健全可靠，意思是不必毫釐不差地完全遵循這些步驟，也能夠產出足以讓人接受的結果。

使用辦公室的咖啡機煮咖啡幾乎人人做得到，不需要什麼專業見解，通常都是漫不經心地完成這道過程。大家唯一會認真閱讀指示的時機，多半是第一次操作機器，甚至可能單單憑藉做做看、錯了再說的心態，或是聽從以前學會操作咖啡機的直覺就動手了。如果是一家普通的辦公室，咖啡機後方牆壁上可能會張貼安裝操作步驟。第一次煮咖啡的新手唯一可能不明白的事情是，究竟要在濾紙中倒下幾瓢磨好的咖啡粉，才能煮出辦公室裡多數同事喜歡的最佳濃度。但他其實只需要試幾回，就能摸清楚大家的口味。

我們清單上的下一樁任務，是準備財務會計報表，科學家會將它歸在複雜系統類別。一套複雜系統或一項複雜任務，具有四大主要特徵：（一）通常已經有定義完善的結果，或是一組表明成功結果的標準；（二）必須遵循一套嚴格的規則或法規才能取得成功結果；（三）這些規則不十分健全可靠，因為必須毫釐不差地完全遵循，才能夠產出一項成功的結果；（四）這道過程完全可以重覆再製，因為如果你重覆一模一樣的相同步驟，就能產出一模一樣的結果。

會計師或知識相當的專家準備企業的財務報表時，都將倚賴眾所公認的會計準則和法規知識，一旦個人欠缺必要遵循的特定會計準則和法規知識，根本無法準備讓人可以接受的文件報表。然而，除非出現計算錯誤，每一名會計師都會在相同的假設下製作出一模一樣的結果。

編製企業財務報表的清單所條列的規則和程序，遠比操作咖啡機的指示更長，但規則長短並非讓這項任務歸類為複雜的原因。關鍵區別在於，你在煮咖啡時可以大致估計水／粉比率，編製財務報表可不能馬虎抓個概略數字。「差不多就好」可能不只會錯誤連連，更會產生法律與法規後果。煮咖啡不需特殊訓練也無須亮出證照，但編製財務報表可能需要指定領照會計師之類的專業證照，特別是如果這些報表得用於公開說明或計算稅款的目的。除此之外，人人煮咖啡的手感或多或少不同，口感也不盡然相似，但所有人都會同意最終的產出就是咖啡；不過，所有會計師只要拿到相同的數據資料、遵循相同的會計準則，理當編製出一模一樣的財務報表。財務會計幾乎沒有容錯空間。

最後一道例子，是對潛在的重要客戶進行業務簡報。[1]對系統科學家來說，這項任務打從根本完全與前述兩者不同。它不像煮咖啡，只要對照清單按部就班就能完成，也不是參照手冊、規則或法規就可以搞定的任務（儘管市面上盡是五花八門的天王銷售術與超業培訓工作坊）。除此之外，通常沒有必要考取證照、接受額外培訓或任何其他高等教育。不過最肯定的是，這項任務不能託付僅受過有限培訓或經驗不足的素人，特別是如果客戶超級無敵重要。雖說完成一趟銷售拜訪通常可設定常態性主題，多半是業界老手就能準備得宜，但實則無常規模式或例行工作可循。每一場銷售會議都將是獨一無二，而且整道流程將取決於客戶本身或更平凡無奇的因素，好比會議時間、客戶心情好壞或業務本身的好感度等，最終都將導致不同結果。即使複製一模一樣的業務流程，也不必然產生一模一樣的成果。最終可能產生自相矛盾的結果，亦即客戶來頭越大，管理階層可能完成的銷售拜訪差異就會越大。

銷售任務大不相同。專業人員執行時很可能打從心態上就截然相反。業務員將會主動參與銷售會議，不像煮咖啡一樣可以隨興所至。或許沒有人會覺得編製財務報表是一項勝任愉快的任務，但也不太可能像銷售會議一樣撩起惶恐不安的感覺。商界人士不會為了煮咖啡或會計核算一再排練，因為執行這些任務時不需要沙盤推演。最後，沒有人會因為煮咖啡或會計核算苦惱難眠，但銷售會議有可能壓力極大。銷售會議大不相同。銷售會議相當錯雜。

這三種常見的辦公室職能，每一種都需要一套不同的能力、不同類型的培訓，有可能需要認證；不同程度的經驗、知識與直覺；甚至是不同心態或性格。

我們簡單列舉的三種任務，導向一種帶有諷刺意味的困境。煮咖啡是一天之中最不重要的任務，任何人都可以採取幾乎是無腦的方式完成。編製財務報表是一天之中實有必要但算不上增添附加價值的工作，則是複雜任務，但任何具備切合必要知識的會計師都可以勝任愉快。然而，或許一天之中最重要、最有價值的任務就是銷售會議，實質上屬於必須反覆試驗、發揮直覺才能完成的工作。銷售會議帶有一種非常特殊、獨一無二的性質，這種特殊性質就是錯雜性。

●簡單、複雜和錯雜的系統

我們列舉的三種任務闡明三種特定類型的流程或系統：簡單、複雜和錯雜。依據這三種類型將任務分門別類，已獲證明是一種研究、學習各式各樣自然流程非常有用的做法。近五十年來，科學家已經確定並撰寫關於自然界簡單、複雜和錯雜的系統之間的差異處，[2]事實證明，將這套結論應用在商業情況的系統分析也相當管用。

釐清三種類型任務之間的差異為何極度重要？主要有三大原因。第一，釐清差異讓我們可以制定不同的分析、管理與成功完事的策略，讓管理階層與組織可以更有成效、獲取更高利潤。一旦領會系統思維固有的差異，即使簡單如煮咖啡這類任務也可能更高效。第二道原因或許更重要：最充分理解並管理差異之處的管理階層或組織，事實上將能擁有明確的比較與競爭優勢。最後，在我們日益環環相扣的世界裡，錯雜性發生正變得越來越普遍、重要。

本書的目的是採取非技術性的方式闡明，系統思維如何成功應用在各式各樣的商業任務中，也將討論處理每一種不同類型系統五花八門的方式。處理錯雜性似乎違反直覺。由於商業專業人士本能的預設心態是「複雜性思維」技巧，因此管理階層似乎會堅守完全聽命的慣性。但事實上這類技能充其量只能說十分低效，而且往往頗具破壞性。

所有三種類型的系統與任務在商界隨處可見，但是簡單與複雜任務通常都不屬於最重要類型。舉例來說，一系列成功的銷售會議對組織持續成功的重要性，公認是遠高於編製季度財務報表，煮咖啡更別想相提並論。雖說經營企業時，某些簡單與複雜任務也算是必要、重要、有價值的環節，但現實中就創造競爭優勢而言，圓滿完成錯雜任務日漸得證是決定性要素。

何謂錯雜性？

在第三章，我們將深入檢視錯雜性的基本要點，不過我們動手分析之前首先得明白，錯雜性任務無法採取按圖索驥、循規蹈矩或是按部就班的方式完成，毫釐不差的精確度也不必然奏效。稍後我們會詳加說明，這類講究毫釐不差的嘗試作為實際上可能有害，因為它們或將產生意想不到的後果。你只需想想，與重要的潛在客戶面對面進行銷售會議時卻一字不漏地唸完銷售腳本，那一幕說有多恐怖就有多恐怖。客服中心就是這類唸完銷售腳本的例子，但他們這麼做單單只是因為電話銷售本來就是基於大數定律。大家都知道，每一通電銷的成功率很低，因此標準化腳本便綽綽有餘。除此之外，他們推銷的產品多半是訂閱雜誌或地毯清潔服務等簡單、低價值類型。客服中心採取複雜手段的銷售方式，銷售特定類型的低價值商品給特定範圍的潛在顧客，但你若把這一招標準化手法套用在重要潛在客戶身上，企圖銷售高價值品項或展開企業對企業的交易，絕對是蠢不可及。請試想套用罐頭式銷售話術企圖賣出三億美元的商用飛機，你就知道了！

因此劃分的關鍵要點，就是簡單與複雜流程可以被程式化，但錯雜流程沒辦法。亦即，簡單與複雜流程可以白紙黑字寫成一整組指令，以便圓滿完成手上任務。你可以採行限定步驟，每一步都定義清楚。就以煮咖啡的指令為例，編寫簡單與複雜任務的能力正日益意味著，它們是越來越可以被電腦或機器人執行的任務。自駕車或卡車就是一例，但其實到處都可以找到類似例子，以至於我們幾乎把簡單和複雜任務都機器人化視為理所當然。舉例來說，許多人現在喝到的咖啡都是自動煮咖啡機煮成的，只需按下按鍵，咖啡有求必應；我們也使用低價電腦軟體計算個人會計帳務與稅務。[3]但是你無法為錯雜任務編寫程式，因此即使僅就概念而言，錯雜任務也不可能完全交付電腦執行。

錯雜性涉及數量不明的步驟，更重要的是，錯雜性系統內含的每一步通常也是未知，甚至就概念而言無從得知。舉例來說，完成一場成功的銷售會議需要什麼確切步驟？有些銷售會議僅費須臾工夫，幾乎順風順水便完全搞定，但有些銷售流程則可能一開始是樂觀其成，但沒完沒了地拖延，最終功虧一簣。處理錯雜性系統就是會永遠難辨結果。雖說可能有經驗法則或準則，充其量只是指導原則，它們全都無法擔保可以圓滿完成手上任務。這種模稜兩可的特性，意味著錯雜性根本無法白紙黑字記下或編製一組步驟、流程或規則。

另一道關鍵區別在於，就簡單和複雜系統而言，結果可以預測並重製，但錯雜結果則不行。

如果你遵循煮咖啡的步驟，就能煮出一壺咖啡；如果你遵循會計準則，就能產出一份讓人接受的財務報表。但是你打理銷售會議毫無可預測性。我們不清楚潛在顧客是否會埋單，而且就算他們同意交易，我們也無法準確預測將會購買多少或何時購買。我們完成銷售會議之前無法確認哪一套策略行得通或不管用。事實上有些業務員最鍾愛的銷售策略可能實際上適得其反。業務員就只能倚靠他們的經驗或直覺。每一場銷售會議都是獨一無二。經驗老到又屢戰屢勝的業務員打從直覺知道這一點，因此採取靈活手段，凡有必要他們都很樂意也有能力改變策略。但對會計之類的某些複雜任務來說，那是一種絕對行不通的做法。

錯雜性流程的結果不僅無法預測，也無法重製。銷售話術可能今天奏效，但明天遇到另一名背景相似的潛在顧客，祭出一模一樣的銷售流程不必然得到一模一樣的結果。這一點賦予錯雜性系統一種隨機、無法掌控的感覺。不幸的是，無法預測、無法重製正是人人都討厭的兩大特徵。這些特質讓我們想要相信「所有商業流程皆屬複雜」的隱含迷思，而這股內隱信念又造就我們虛幻期盼，錯以為只要投入充足的研究與發展能量，理解顧客、市場或競爭動態，就有可能掌控、預測一切。不幸的是，這樣想顯然錯得徹底。

各系統之間存在另一大顯著特徵，亦即客觀定義成功的能力。人人都能輕鬆定義並認同何謂成功煮出一壺咖啡：完成煮咖啡流程後，從咖啡壺裡倒出來的咖啡喝得下去嗎？同理，也可以輕易、客觀定義何謂成功編製部門的財務報表。不過現在請試想，何謂對潛在客戶成功完成一場銷售會議？是指顧客簽下五千項產品訂單嗎？或者兩百項就可以算是成功了？要是說，最初的銷售會議結束後潛在客戶想要你寄出樣品手冊，甚至提議再開一場跟催會議，這樣算是成功結果嗎？就錯雜性情況而言，成功往往是一個定義模稜兩可的字眼。只要帶有錯雜性，就會有各式各樣的定義或程度不一的成功。成功也很可能是一道持續進行的流程，放眼望去不見定義明確的終點。舉例來說，多數銷售關係不因買賣定案就告終，通常希望擴展為進一步的銷售與持續的業務關係。

三大類型系統各顯不同的另一種方式，就是我們對關鍵成功要素的既定認知。所有進入簡單或複雜系統的要素與元素，都屬於已知類型。就煮咖啡而言，你得磨豆、放進某種規格的濾紙、滾水與某種尺寸的咖啡壺與濾煮設備。會計師知道自己需要什麼樣的數據，好比業務營收與成本數字等，以便編製財務報表。那我們的業務經理會需要什麼要素？一些關於客戶的情報或許有用，但確切的情報內容則難以說清楚；理解自家想銷售的產品或服務也或許有用，但對顧客來說，究竟這些資訊中的哪些部分真的有用或有意義，也只能自己腦補。銷售會議的有效性可能受到當日哪一個時段舉行影響，但在此僅重申，鮮少人敢打包票當日哪一個時段最適合，而且也很可能每天都不一樣，甚至是時時刻刻都會生變，完全取決於潛在客戶的心情好壞。或許正常來說比較妥當的聯絡時間，剛好是對方管理階層開完一場壓力山大的人事會議之後。若此，所有業務經理訂定的最完善計畫與策略就可能不成功。

經驗老到的業務員會告訴你，一場銷售會議之所以成功，取決於最枝微末節的瑣事。成功的業務員發展出一股持續進化的直覺，以便在銷售過程中發揮銷售話術並持續調整。他們心知肚明，自己所能做的最好安排，就是試圖創造相信可以導向最高成功機率的情境與脈絡。然而，儘管他們付出最大努力，專業的業務員也很明白，除非整場交易結案，否則與客戶打交道不必然成功。

最後，我們煮咖啡或編製財務報表時，管理階層的必要行動不會受到競爭對手採取任何行動所影響；但是，無論是企業的競爭對手之前也拜訪過客戶，或是客戶同樣期待他們登門造訪，銷售話術都可能獲得新義。這便讓我們體認到最終來說錯雜性系統最重要的特徵，亦即它們能夠自我適應或突然乍現，但簡單或複雜系統則是靜態發展。尤有甚者，變化從不間斷、生生不息。隨著經濟中某一項元素改變，企業就跟著改變；隨著每一家企業改變自家策略，所有競爭對手也跟著改弦易轍。反過來說，與客戶打交道的做法也會隨之調整，整道過程便持續循環、演化。

在商業環境中，包括企業本身、員工、產業、競爭者、顧客、法規監管單位、金主、大眾與其他相關的所有玩家，都會依據其他人的行動、看法與認知改變，進而持續調整自己的行動與看法。這是一場永不止息、無可預測的舞會，最終適用定義錯雜性。它是一道科學家標示為乍現（emergence）的現象，商業界則稱為競爭。

乍現

錯雜性系統最基本、最重要的結果，是一種被稱為「乍現」的屬性。每當消費者相關部門、某一門產業的行動或甚至經濟發展這些環環相扣的元素，以一種創造趨勢或模式的方式演化，而且表面上看似高度井然有序，實則不見任何明確的幕後指揮力量時，乍現就會崛起。

舉例來說，股票市場的起落之間便讓乍現一覽無遺，走勢看似時起時落，但沒有數學模式可以預測市場下一步怎麼走，也沒有任何人、團體或組織號令市場應該朝某一道方向發展。分析師與投資家形塑、陳述各式各樣觀點，強調某種類型資產相對另一種更具投資價值，但是沒有中央控制機構或大頭目擔綱定價或下令的角色。價格波動完全獨立於任何單一的個人投資家或一群投資客。然而，集體來說，儘管特定模式或趨勢無法完全預測或探知，但肯定可以在資產價格中看到它們。

高中生族群的潮貨與時尚趨勢，可說是另一個鮮明案例。沒有人決定哪家品牌的牛仔褲是「非有不可」，唯有穿上它才顯得又酷又炫，但某個特定品牌就是可以像變魔術一樣暴紅成功。事實上，儘管競爭品牌卯起來行銷，上述低調不搞行銷的人氣品牌還是可能成功。

整個經濟體都表現出類似的行為。舉例來說，一九八〇年代後期至一九九〇年代初期，日本經濟一飛衝天。各界普遍假設日本將成為下一股主宰全球經濟的超級力量。隨後而來的現實是日本經濟大崩壞，甚至往後二十年仍深陷停滯。現今，中國經濟正是全球成長速度最飛快的代表之一，印度則是步步逼近突圍的邊緣，然而以史為鑑，實際上沒有人可以預測，十年後哪一個經濟體終將領先全球。

乍現不限於經濟趨勢之類的大規模影響，它可以而且也確實正小規模發生。有一道常見的乍現例子就是辦公室政治，誰獲寵幸、誰淪失寵是一齣演不完的宮鬥劇。辦公室的文化和氛圍也會透出乍現。儘管坊間多的是各種打造組織文化的書籍，但現實是企業文化會浸染、改變、演化，有時甚至突然天翻地覆，就算（而非出於）資深管理階層採取各項行動與最良善意圖，終究會有這類情事發生。

我們將在第三章詳述乍現本身與它崛起的原因及意涵，但開始掌握乍現的意義以及它如何定義錯雜性系統也很重要。一旦事物乍現，就會自行發生，各種事件也會變魔術似的以出乎意料的方式展開。乍現自然、自主發生；乍現以無可預測的方式開展，唯一不變的道理是萬事萬物隨時變化。它們如何變化、朝向何方變化，何事何物催生變化，都無法自原因推及結果。這就是乍現與錯雜性的基本現實。[4]

乍現是管理階層非懂不可的商業要事，管理階層有必要體認、領會；它也是讓深諳錯雜性的管理階層顯得如此珍貴的原因，特別是當今經濟圈日益錯雜（我們稍後將深究其中肇因），理解錯雜性正日益被視為成功關鍵。

一眼看清錯雜性

以下僅提供一套初步決策架構，以便協助你一眼看清眼前的流程或任務類型。這套架構奠基於先前討論過的決定性特徵，並取決於三道容易回答的問題：（一）這道流程的成功結果是否可以容易、客觀地定義？（二）成功的必要因子與要素是否已知？（三）執行時必得精確無誤或等同程度的要求，是否為成功的必備健全因子？

你將發現，某些錯雜性的重要特質已經被排除在架構之外，諸如無可預測性與乍現都沒有名列其中。這是因為這些特質雖然在錯雜性系統中扮演關鍵、重要角色，卻很難一眼就自原因清楚看見結果。這套架構的目標是為商界管理階層發揮功能性作用，而非力求科學準確性。

這套架構如下圖一．一所示。我們可以重溫本章開頭討論的三項任務，以圖文說明這套架構的用法：（一）煮咖啡；（二）編製財務報表及（三）與潛在客戶進行一場銷售會議。表一．一總結以下討論。

第一道問題，定義何謂成功煮好咖啡與編製財務報表顯然很容易，你只需要詢問眾人是否已經有喝得下去的咖啡、財務報表是否在法律上可以接受。大家可能對咖啡是否好喝各持己見，但究竟是不是煮出一壺咖啡，所有人都會有共識。同理，雖然財務報表是依據企業在前一季的業績而定，因此結果不必然可以鼓舞士氣，但顯然所有看倌都會認同一份合法編製的財務報表。

銷售會議成功與否的問題通常是模稜兩可、因人而異。有各種程度的成功，因此成功的門檻取決於不同的看倌自由心證。就內向膽小的業務員來說，只要潛在客戶不曾粗魯、粗暴結束會議，就能算是成功的銷售會議；對其他人而言，成功的銷售會議唯一定義可能是一筆創紀錄的佣金落袋為安。

第二道問題，煮咖啡的成功因子已是眾所周知，會計做法也是白紙黑字寫得清清楚楚。但就銷售會議而言，儘管坊間可見五花八門的培訓專書與課程，某甲成為超級業務員但某乙老是砸鍋，箇中原因一向是謎團。有些因子是眾所公認很重要，好比銷售會議舉行當下潛在客戶的心情好壞，或是潛在客戶對這項產品或服務的需求明確已知。但是你在任何成功銷售會議清單上條列的因子，都可能不完整也不充分，而且這些要素很可能是經由主觀因子形塑而成，因此也會不斷變來變去或自行演化。因此在這個階段我們可以總結，搞定一場銷售會議是錯雜問題（不過我們會在下一道步驟進一步確認），而且進一步分析有其必要，以便決定煮咖啡、編製財務報表的本質。

對區分簡單與複雜系統來說，確定精確性是否必要這道最後步驟意義重大。煮咖啡不需要精確度，但是人人皆知，會計做帳必得全神貫注細節、嚴密精確。因此我們歸類煮咖啡是簡單流程，編製財務報表則是複雜流程。精確度問題不適用於錯雜任務，因為成功因子甚至無人知曉，更遑論精確衡量。就此而言，詢問是否需要按部就班完成特定流程實則毫無道理可言。

◎圖一・一：用以分類系統類型的決策架構

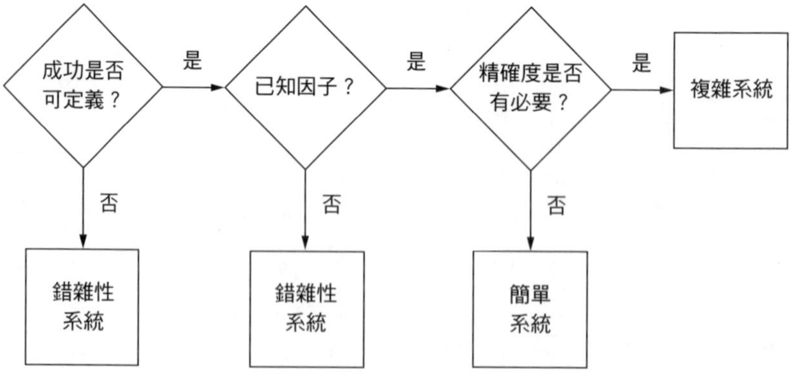

◎表一・一

架構問題	煮咖啡	會計	銷售會議
成功是否可以客觀定義？	是	是	否
成功因子已知？	是	是	否
精確度是否有必要？	否	是	不適用
系統類型	簡單	複雜	錯雜

其他用以分類系統的標準尚待開發，但是在商業環境中，本書提議的這套架構不僅易於理解，更是相當實用。

●錯雜性的另一種試驗

我們可以採用另一套試驗確定系統是否錯雜，但過程涉及一定程度的想像力。請腦補一場探討特殊商業流程或議題的電影；換句話說，請打造一段歷史，內含諸多導致今日局面的事件，並描述一連串眼前正在上演的事件將如何刻劃出未來輪廓的步驟。然後這套試驗變成，無論你自行決定重覆快轉向前或向後，都能獲得可複製的最終結果。在此重申這道問題：在眼前的指定狀況下，你能否解釋下一步將會發生何事？同理，當你缺乏一眼就自原因清楚看見結果的知識時，能否解釋以前發生過什麼事？

就複雜系統而言，你可以預測各道步驟將會一字排開向前，更重要的是，這些複雜系統中發生過的步驟導致當前的一連串情況，你還可以反向操作它們。

舉例來說，假設我知道一顆砲彈飛行空中的高度、速度和方向。一道常見的物理問題，就是計算砲彈從何處發射、以什麼速度或力量飛行，同時設定什麼角度發射；決定它將以什麼角度、速度墜落在何處也是簡單的計算題。現在請拿這道經典物理學教科書的習題，與試圖決定一大群椋鳥飛過天際的路徑做比較。[5]你無法分辨椋鳥群接下來會朝哪個方向奮力飛去，也無法確定牠們從何方而來。這群椋鳥會一整群井然有序地在天際忽而高飛、忽而俯衝，顯然是有某種現象發揮作用，但是在這部「電影」中，誰也說不出這群椋鳥當初如何形成或是將會變成怎樣。砲彈的飛行路線屬於複雜系統，椋鳥的飛行路線則是錯雜系統。

再舉一道小例子。我們回頭想想煮咖啡好了。要是某一位主管正在享用一杯熱咖啡，你知道它是從辦公室的咖啡壺中倒出來，就可以很容易回溯到所有必須執行的步驟——也就是，某甲拿起壺子將咖啡倒入馬克杯，在此之前咖啡會先在濾煮過程中慢慢滴入壺中，再往前推一步就是某乙按下咖啡壺開關，倒了一些水並適量舀了幾瓢咖啡粉到濾紙中。你可以相當精確地回推重構這部電影，而且人人都可以採取相似手法倒推出整部電影。舉例來說，沒有人會在回推重構的過程中將咖啡壺反著放，試圖由下而上滴濾出咖啡。

現在我們來想想銷售會議的情況。假設你知道客戶剛剛下訂五百樣品項，你可以確切歸功是銷售會議嗎？或許他們是從官網或目錄下訂這些品項；或許他們原本是打算下訂一千樣，和業務員聊完後反而只訂五百樣。假設這場交易是在電話上敲定，你能確定最初是誰打這通電話嗎？有可能是業務員本人嗎？但許多情況都顯示，交易最初其實都是始自顧客來電。要是顧客購買A產品，你能斬釘截鐵地說那確實是一開始銷售會議中所討論的物件嗎？或許業務員一開始打算推銷顧客C產品，但是發現行不通，於是改弦易轍賣B產品，然後才推A產品。你無法採取任何程度的可靠性或準確性，回推重構整部電影。

還有另一種方式可以檢視這場試驗，亦即，倘若你回溯整起過程的發生步驟，問問是否可以期待走回一模一樣的起始點？是否有能力重製整道流程？我們的砲彈例子顯示，永遠可以回溯到一模一樣的起始點；椋鳥群的例子則代表不可能如法炮製。每一發砲彈只要被設定成同樣的初始情境，就會循著一模一樣的飛行路徑前進，但是椋鳥群每一次都採行不同的飛行路徑。

煮咖啡與編製財務報表的例子顯示，只要假設輸入條件相同就可以重製結果，但我們很容易想像，同一名業務員拜訪背景相似的客戶（或根本是同一家），複製一模一樣的銷售會議，但五分鐘後會議結果整個大轉彎。

在某些商業情境下，最終結果的軌跡比較像是砲彈的彈道，而非椋鳥群的飛行路徑。舉例來說，在一天之中的既定天氣條件與時間之下，我們可以相當準確地計算出某些事件，諸如一家咖啡店的來客流量或是無線數據的使用情形。但其他商業情境比較像是椋鳥群的飛行路徑，好比所有個體在一場商業會議中的言行舉止，絕無可能準確判斷某人將如何回應既定的公開演示或想法。

●圖靈測試考驗商業錯雜性

艾倫・圖靈（Alan Turing）是出類拔萃的英國數學家，英年早逝的一生中完成許多事蹟。英國已故首相溫斯頓・邱吉爾（Winston Churchill）經常推崇，圖靈破解第二次世界大戰期間德國納粹密碼機「謎」（Enigma）的成就是盟軍打贏戰爭的關鍵，這道鬥智過程也被拍成電影《模仿遊戲》（The Imitation Game）。圖靈致力開發計算設備，有助奠定現代電腦的基礎；除此之外，圖靈也推動理論數學大步前進。然而，或許關於圖靈最廣為周知的事物，是以他之名所定稱的思想實驗。

圖靈測試（Turing Test）是一套思想實驗，其中涉及一名受試者與兩名隱身布幕之後的不同個體對話，其一是真人，其二則是電腦。圖靈測試想知道受試者能否判斷，布幕之後的個體發出的回應是來自電腦還是真人。一九五四年圖靈去世，至今雖說電腦已大幅躍進，但我們仍多半同意，依據對話內容判斷真人與電腦仍舊是相對容易的任務。儘管電腦可以超級高效地處理某些複雜任務，卻無法拿捏對話中的細微區別，箇中原因便是出於錯雜性。

圖靈測試的設計初衷，便是差異化機器與人類智能的思想實驗。我們一旦理解各種系統與任務之間的差異究竟是複雜或錯雜，就會明白圖靈測試最終是一場錯雜性測試。

一部電腦具備高水準機器智能，完美適用於遵循一連串具體不變的指令行事。機器不必燒腦，或更精確來說，機器不必腦補。機器只要遵循一套堅定、客觀的指令就夠。這些指令可能涵蓋諸如圖一．一的分類決策樹狀圖所示決策，但每一道決策都已明確定義、客觀，而且包含一些諸如對或錯之類彼此不相關聯的答案。電腦與電腦掌控的機器人完美適用於這類任務。倘若有一道問題或任務已經明確定義、客觀且包含一些彼此不相關聯的答案，電腦就可以比真人更快速執行指令。

然而，電腦無法創造、想像、產生情感，或有效處理含糊性與隨機性。這些都是定義人類並差異化我們與機器的特徵，後者包括機器人、電腦等；這些也是與錯雜性維持一致的要素。尤有甚者，由於多數的企業活動脫離不了各項商業行動與人際互動，因此必然導向商業本質錯雜的結論。本書稍後將會詳細討論這一點。

我們從這一點出發，便可採納圖靈測試考驗商業錯雜性。請試想管理階層在單一工作內必須完成的任何任務，而且這項任務必須像原始版圖靈測試一樣，隱身在兩道布幕後方完成，其一是商業精英，其二則是電腦、機器人或外包夥伴或實習生之類短期員工。圖靈測試考驗商業錯雜性的用意是，包括客戶、資深管理階層或甚至是員工在內的利益關係人，能否分辨出最終結果究竟是不是由商業精英完成。假使真的能分辨出商業精英所為，那麼我們可以肯定這項任務實則錯雜；倘若看不出究竟是電腦、機器人或外包公司提供的派遣人員完成，那麼我們就能宣稱這項任務屬於複雜或簡單。

舉例來說，煮咖啡這項簡單任務可以交由實習生、咖啡店或一具咖啡機完成，只要為機器寫好程式碼，每天預定時間一到它就自動磨豆、煮咖啡。咖啡一旦煮好了，究竟是機器、外包商還是管理階層動手完成已無分別。同理，財務報表一旦編製完成，究竟是會計軟體、外部會計事務所或管理階層動手完成已無分別。因此，圖靈測試考驗商業錯雜性將不適用於煮咖啡、編製財務報表。

現在請試想銷售會議。人人都接過自動化銷售電話，顯然不是真人打來推銷。加強版本則是客服中心的真人來電，我們可以說它是外包銷售電話的例子。僅重申，這類電話顯然並非出自企業的管理階層。然而若是真人業務代表來電，有可能還是讓人覺得很煩，但至少你可以聽出對方並非自動化語音系統，你也通常可以確定對方是不是照本宣科唸完腳本的外包商。圖靈測試考驗商業錯雜性因此適用於銷售電話。

原始版圖靈測試是一場思想實驗，設計初衷是要開展一場關於電腦能否思考的對話，最終更想確認電腦能否取代真人。圖靈測試考驗商業錯雜性則是想知道管理階層能否被取代。戰後經濟中，很大一部分商業員工的角色陸續被取代，隨著製造流程被外包到低成本管區。已開發經濟體境內的工廠，一間接一間被迫關閉；隨著文書處理、行程安排軟體漸次崛起，削減企業主管對秘書的需求，秘書角色幾乎整個消失；隨著產業顧問參與處理會計之類明確的複雜任務，許多白領職缺也慢慢人間蒸發；企業管理系統則取代業務分析師。明確來說，少數企業明確描繪任務特性為簡單、複雜或錯雜，但現實是當它們尋求提高經營與成本效率時，簡單或複雜的任務已逐漸被消滅或陸續外包。誠然，經過簡化的圖靈測試考驗商業錯雜性，或許只是確定任務能否外包、自動化或是機器人或電腦能否獨立完事。

●錯雜的商業世界

商業最終是著眼於人際互動。有人開發並提供產品或服務，其他人則是購買產品或服務。商業無關機器互動。這一點顯而易見卻微不足道的區別至關重要，因為它也是區別錯雜性的原因。隨時、隨地只要有人際互動，錯雜性通常就會發生。只要有真人現身的必要，錯雜性便如影隨形。

商界中錯雜性的例子比比皆是。製造一樣產品可能很複雜，但是隱身在開發產品背後、那道最初發想的創意點子與行銷手段，幾乎總是錯雜。隨著機器人應用崛起所示，現代化製造技術經常無須倚賴人際互動；但是行銷無論是強攻個人或「目標市場」客群，就是得訴諸人際情感。人際元素就是定義複雜世界中的製造技術與錯雜世界中的行銷手段的決定性差異。原始產品或服務點子的開發過程甚至更錯雜。

我們舉iPhone為例。它的初登場立即引爆全球買氣，箇中關鍵便是這支玩意兒的設計美感與打動人心的「潮酷味」，鮮少消費者在乎它的製造過程或據點。製造流程正如設備本身的電子設計一般複雜，但這並非iPhone的競爭優勢。類似設備就算內部的電子設計與製造無法比iPhone優異，至少也是旗鼓相當，但是iPhone激發高人氣的能力幾乎打遍天下無敵手。消費者在乎的是自己與iPhone人機互動的體驗方式。微小、幾乎無法察覺的細節才是真正重要的事，好比手機握在掌中的感覺。

同理，畢生成就超越生命本身的蘋果（Apple）前執行長史帝夫．賈伯斯（Steve Jobs）也扮演重大角色。蘋果宰制智慧型手機市場的錯雜性，進而提供它們一道競爭優勢，製造與研發流程這些複雜性任務實則毫無助益。鮮少人讚揚蘋果的製造能力，實際上這家企業的大部分製造流程早已外包。讓蘋果大獲成功的原因，是它看見產品需求並有能力創造市場熱潮的創造力。我們大可主張，正是主觀、錯雜的「人本設計」讓iPhone享有超高人氣，而非客觀、複雜的「工程設計」。

iPhone只是一道說明製造與行銷之間系統對立性的例子。諸如手機內部設計等製造與功能設計，都屬於複雜任務，企業必得遊刃有餘執行到位；但是行銷與包裝產品這種錯雜任務，則更可能帶來競爭優勢。行銷必得捕捉、維持消費者的想像力，這是蘋果推出iPhone後格外做得有聲有色之處。消費者的想像力，或許可以更精確說是消費者群體的想像力，則是一套錯雜系統。蘋果仗著iPhone修練成錯雜性大師。

另有一道與蘋果相關的iPhone反向案例挺有意思。一九八〇年代初期，蘋果開發名為麗莎（Lisa）的個人電腦，具備當時許多前瞻功能，包括成為第一部認真採用圖形使用者界面的商用電腦。就技術與製造角度而言，它的性能明顯比當時市面上所能買到的產品優異。但這一點也是商業致命傷，因為未曾捕獲目標市場的想像力，因此銷售奇慘。就複雜任務這個角度來說，蘋果推出麗莎電腦確實該做的都做到了，但就涉及顧客的錯雜任務這個角度來說，反倒是完全走偏。諷刺的是，蘋果繼麗莎之後推出的麥金塔（Mac）電腦叫好又叫座。雖說就技術面而言，最初的蘋果麥金塔電腦在許多方面都遠遜於麗莎，行銷訴求卻打中消費者的想像力和情感。隨後麥金塔很快就成為「潮酷味」這座舉世皆知蘋果版護國神山的始祖。麗莎的行銷訴求是從「複雜性思維」出發，但麥金塔則是「錯雜性思維」。行銷心態翻轉顛覆了一切。

●文化與錯雜性

與錯雜性涉及人際互動這道觀察一致的現象就是，發展企業文化屬於另一項錯雜性商業任務。雖說人資部門的薪資核算功能可以自動化或外包，打造並維持企業文化卻不能如法炮製，組織的管理階層必得親自動手處理。你無法借力一系列專書或準則建立文化，也無法勒令全員創造文化。文化是必須主動、動態管理的事務。個人無法客觀定義或標示企業文化，但它早就被視為獨特、重要之事，而且會日新月異、自行演化。企業文化自然而然應運而生，正如先前內容所述，它是錯雜性系統的關鍵特徵之一。

發展企業文化的關鍵手段之一是借力招聘流程。招聘、挑選具重要策略意義的員工，是另一項無法外包、而且明確彰顯錯雜性特徵的任務。雖說電腦掃描應徵者履歷可以得知對方的職能特徵，或許還能一窺個人傾向，但是撇開最低階職缺不看，其餘所有職務的招聘決策最終都是依據面試流程而定。在原始版圖靈測試中，面試也軋上一角。雖說機器篩選履歷與社群媒體活動可以挑選出具備正確經驗、技能和資格的候選人，面試流程才是決定候選人能否最完美「契合」組織的關鍵。誠然，許多企業遵循一連串白紙黑字寫成的面試考古題這種大家一般視為具有決定力量的「食譜」，但是任何處理過招聘面試流程的人都知道，每一名候選人都可說是帶著個人獨到的長處與短處走進面試場合，因此招聘決定幾乎總是自由心證的結果。倘若招聘決定是由一支委員會決定，幾乎沒有單一候選人會一面倒地廣獲全體小組成員青睞。這道事實清楚說明招聘流程與生俱來的錯雜性。

辦公室政治則是另一個充斥商業錯雜性的場域。辦公室政治在組織效率方面扮演至關重要的角色，至少也在一定程度上有助於定義企業文化是一套動態的錯雜系統。職場文化依據結黨結派的眾人持續自我形塑、改革而成。這些黨派總是不斷變來變去。人際關係會根據眾人對他人的看法，自行採取一種適應的方式改變，這種調整很大程度上是基於他們體察別人究竟是怎麼看他們的。就典型的賽局理論玩法而言，辦公室政治是深思熟慮的結果形塑而成，好比說，我是否想要與你結盟，取決於我是否認為你有意和我結盟。由此而生的相互作用，清楚證明錯雜系統動態的典型特徵。

產品開發與錯雜性

在許多產業中，研發流程都是至關重要的業務功能。醫藥、社群媒體、電信、汽車、體育用品和農業，都只是少數幾門研發能耐足以區分贏家與魯蛇的產業。研發成功很大程度上取決於創造力與想像力，好運也不可或缺。就本質而言，創造力、想像力乃至於運氣，全都是錯雜因子。研發顯而易見需要一批訓練有素、功力高強的研究人員執行任務，但單論技能而言，對研發成功實則貢獻極微。諷刺的是，研究人員武功越高強、天資越優異，研究成果真的夠格可以稱為突破性產品的機率就越小。足以引爆典範轉移的產品，往往源自截然不同的思考方式，就定義而言，沒有人可以借力培訓練就這門功夫。單就這道原因來說，研究領域中的突破瓶頸往往是偶然發生的意外。

舉例來說，請回想便利貼的開發始末。它是3M推出的驚世之作。便利貼背後的初始研究，其實是設定生產一款超強力工業黏膠，最終結果卻恰恰相反，成了一款適用於辦公室和文具的超微力黏膠。更諷刺的是，3M起初測試採行「隨貼隨撕」（Press n'Peel）的口號行銷時，結果一蹋糊塗，產品測試結果顯示這些貼紙將是一場商業大慘敗。無論從科學層面與行銷研究角度來看，便利貼這套研究計畫都不折不扣是一場慘不忍睹的失敗，但最終竟成為3M創立以來最成功、最賺錢的產品之一，而且至今人氣不墜。要是3M的管理階層死抱著複雜式思維不放，便利貼絕對永遠看不到商業化的曙光。研發流程的錯雜本質結合行銷手段的錯雜性，造就這項產品如日中天的成功。

產業競爭的動態提供另一道證明錯雜性的重要例子。雖說企業制定計畫並試圖推行深思熟慮、精心研究的策略，現實是競爭同業也和他們做同樣的事情。除此之外，消費者市場的面貌千變萬化，也不斷回應各方產業玩家所提供日新月異的產品。蘋果主導IBM完全漠視的早期個人電腦市場，諸如康懋達（Commodore；編按：一九八二年問世的低階電腦，至今仍是同等級規格電腦銷量冠軍）這類憑空發跡的競爭者崛起成為一股勢力，隨後又因為個人電腦發展成主流產品而永遠消失。反之，蘋果成為電腦市場的利基玩家，隨後又重新粉墨登場，推出隨身聽iPod和播放軟體iTunes，同樣徹底顛覆整個音樂產業。個人計算設備產業的歷史歷經許多曲折與轉捩點，消費者青睞與棄愛的廠家多如過江之鯽，倘若有人打算立書作傳，幾乎會是一部讓人拍案驚奇的作品，描繪產業玩家推出千變萬化的行動與活動，試圖為自己創造永續經營的市場利基之際，同時間市場也正為它們的產品孕育意想不到的全新應用。

當然，所有這一切自動調適的變化和新興現象，仍舊方興未艾，這門產業也還有許多自我演化的功課要做。這場自我演化始自大型主機、桌上型電腦、筆記型電腦、平板電腦、智慧型手機再到智慧型手表等，至今仍是現在進行式。電腦發展的未來階段充滿未知數，讓人滿懷興奮地引頸期盼。

錯雜性很重要

商界隨處可見錯雜性，我們大可說多數業務功能至少某種程度上可視為錯雜類型，雖然持平而言，多數業務功能也涵蓋簡單或複雜的流程環節。管理階層若不理解、領會這三種系統類型，手上的工具組合就稱不上完整；反之，對思想開明、主動嘗試承認並擁抱錯雜性的管理階層而言，即使只是領略錯雜性的皮毛，就足以獲取顯著的競爭優勢。

本章行文至此，一貫聚焦辨識並區別簡單、複雜或錯雜系統。這一步看起來很像學術作為，因為儘管有趣，卻幾乎沒有實際意涵——你若這麼想，可就完全不符事實。

理解商界環境中的錯雜性並不僅是學術作為，原因有四。第一，管理錯雜性的能力正是獲取競爭優勢的關鍵。第二，雖說管理錯雜系統有必要採取異於複雜系統的手段，很可能幾乎所有管理階層的正規培訓都奠基於複雜性思維。第三，大家錯用複雜性思維管理錯雜系統，這是行之有年的一貫手法，除了會導致不良效果，隨著意料之外的後果浮上檯面，更可能會帶來災難性的下場。第四點或許是當前全球商業環境中最重要的一點：好點子與資訊遠比硬實力及技術知識更重要。對每一位管理階層而言，這一點意味著，他們在職務中累積而成的競爭優勢，是基於自己所理解的錯雜性而非複雜性思維。置身錯雜的環境中，知識有如大宗商品，因此管理階層必須學習新技能、發展不同的心態才可能成功。說到底，商業相當錯雜，不是複雜。

機器人或電腦可以輕易複製、外包、輸出或交付知識和職能，管理階層或企業的唯一競爭優勢則是另一種能力，即創造的產品兼具消費者有感的附加價值，而且能更妥善回應客戶錯雜且瞬息萬變的渴望與需求。做到這一步所需的技能不是複雜的管理術，而是深諳錯雜性管理。

舉例來說，請試想人氣爆棚的熱門情境喜劇《宅男行不行》（The Big Bang Theory）。整部影集圍繞四名阿宅年輕科學家，其中更以毫無應付現代社會能力的男主角薛爾登．庫柏（Sheldon Cooper）博士為首。薛爾登是個完全理性、以事實為導向的傢伙，完全視這個世界為一套複雜系統，認定科學定律、理性思考足以解決每一道動作。但是這種過度理性往往導致他歸結出荒謬的結論和行動，與教育程度沒那麼高的鄰居潘妮（Penny）相比尤為如此。潘妮是充滿抱負的女演員，平日在餐廳做服務生。薛爾登生活在自我錯誤感知的複雜世界中，搞出許多幽默又荒謬的結果。他的個人管理風格很複雜，但比起潘妮不嚴謹、不理智的生活作風來說，薛爾登反倒經常搞出一堆烏龍。雖說《宅男行不行》將複雜性思維發揮得淋漓盡致，卻清楚說明，置身錯雜世界中嚴格的複雜性思維很蠢呆。

當今的管理階層往往採取薛爾登式作風，而非適應能力更強、更老成世故的潘妮式風格。假設管理議題可以並應該採取理性分析與精密計算解決，這就是一種複雜性思維。優秀的管理階層沒有淪於薛爾登式笑話人生的唯一原因就是，多數管理階層都不像薛爾登聰明或執著。不過專業的管理階層在追求完美的路上都會遭逢一道風險，亦即他們將越來越像薛爾登，因而變得更無力招架錯雜性現實。

議題越錯雜，管理階層的角色就珍貴；除此之外，系統越錯雜，不同管理階層的能力與行動就越突顯出差異化。錯雜系統無可預測、結果不能重製，乍看之下這是一道深刻、令人不安的事實，因為若是結果無法預測、不能重製，那麼管理錯雜系統的任務看起來似乎毫無希望。但這不代表管理階層可以或應該視而不見錯雜系統，實情正好相反。本書往後章節將詳述，缺乏可預測性、可重製性意味著管理階層的角色變得遠比以往重要；本書也將探討，理解基於錯雜性的策略對獲取競爭優勢遠比以往更重要。

若去思索商界精英所執行的各式各樣任務，顯然其中許多最具備附加價值的任務，都屬於錯雜類型。錯雜性是主導性典範，管理階層與組織有必要精通此道才能變得成功。簡單或複雜系統內含的知識，或能提供企業專利與短期競爭優勢，但說到底，唯有領會錯雜性才能帶來長期成功。

一九五二年，美國最受好評的作家之一寇特・馮內果（Kurt Vonnegut）出版生平第一本小說《自動鋼琴》（Player Piano）。[6]馮內果探討，在一個員工的決策和行動都被編碼寫入機器的世界會發生什麼事。這道概念將費德烈・泰勒（Frederick Taylor）提出的科學管理構想以及當時新興的電腦與機器人學，導向未來主義的結論。這本小說記述，管理方嚴密檢視技巧純熟的勞工的精準動作，隨後並編碼寫入電腦中，看看他們的動作可以如何被數位化；反之，電腦會掌控機器人複製相同動作並產生相近水準的工藝品質，毫無勞動力涉入其中。在馮內果的文學作品中，企業與政府完全交由具備各門專業領域知識的博士學位人士管理，以便善用他們的學歷和獨門專業知識。

就系統性思維而言，這本小說可說是放大檢視，倘若僅套用複雜性思維並完全排除錯雜性思維，會對商業產生什麼影響。你不用讀這本書就可以推測出，在馮內果不算是過度腦補的未來中，最終將亂成一團。我們全都體認到，技巧純熟的工匠以及學術圈以外領域催生的構想，依舊有其重要性。儘管科學管理、機器人和執行管理培訓領域全都大有進展，但幾乎在所有經濟領域中，製造與製造流程管理依舊是一門與科學等重的藝術。雖說許多以前勞力密集的工廠職缺實際上已經被機器人取代，或是外包到成本較低廉的海外工人手上，但現實是技巧純熟的勞工與管理階層的決策能力能彰顯細微差異與行動成效，既無法也絕不可能完全被取代。箇中原因就是商業相當錯雜，不是複雜。

混沌與惡意

在我們總結本章之前，有必要迅速思考兩類通常被視為與錯雜性息息相關的系統，即混亂與惡意的問題。

氣象學家愛德華・勞倫茲（Edward Lorenz）通常是以發現混沌理論（chaos theory）聞名。勞倫茲博士打造氣象模式發展的電腦模型。這套模型在電腦上運轉時會耗費很多時間，格外受限於他在一九六〇年代使用的電腦設備。勞倫茲常常有必要中斷運轉中的模型，他在這樣做的同時，都會先複製自己正在研究的氣象模型當前狀況，藉此當作下一回重新開始跑模型的起始點。不過勞倫茲留意到，每當他在中間點喊停、然後再重新啟動，所得到的結果竟與任由模型跑完、沒有中斷時的結果截然不同。儘管事實上他的模型沒有隨機性、所有方程式都一模一樣，而且他每次都輸入完全相同的資料啟動每一套模型，結果仍有差別。勞倫茲因此總結，他在複製中間點結果以便日後重新啟動模型時，自行四捨五入小數點，這個小小誤差便是導致模型的最終輸出發生總體變化的原因。

勞倫茲做出一套非常具體、非常客觀的數學模型，這套模型中的術語和因素廣為人知，事實上都是他與研究團隊所創。尤有甚者，他的模型中沒有隨機變數，完全是決定性模型。然而，就算用於啟動模型的條件只被刪除極微小一部分，最後產生的結果終將完全不同，而且完全不可預測。

這種效應被稱為對初始條件具有敏感性，更常見說法是蝴蝶效應（Butterfly Effect）。就本質而言，它好似西海岸一隻蝴蝶揮拍翅膀，過幾天後終將徹底改變東海岸的天氣。初始條件的最小變化，終將產生完全不可預測性或混沌結果，混沌理論的科學於焉誕生。

混沌或混沌理論與錯雜性具備許多共同要素，不過兩者亦有一些重要區別。主要相似之處在於，兩者系統類型的小小擾動都會產生相對龐大的結果變化。蝴蝶效應同時呈現混沌與錯雜性。另一項與蝴蝶效應有關的共同要素就是，在兩者系統類型中，預測實際上皆不可行。不過有一道關鍵區別就是，混沌系統完全是決定性的模型，也就是說，你可以為一套混沌系統寫出一組方程式。這句話的意思是，倘若且必然唯獨某人知道確切的起始條件，他便可以依據混沌系統預測出這套系統將會如何演化；反之，你無法為錯雜性寫出一組支撐整套系統的方程式，因此甚至就概念而言，沒有人可以奢望精確預測事件將如何演變。

混沌理論實際上是數學領域中一門非常有趣的旁支，任何人採用相對簡單的方程式與電腦繪圖軟體就可以產生漂亮的「碎形」（fractal）圖示，好比源於混沌系統的曼德博集合（Mandelbrot Sets，編按：指存在一個基本原始單位，與其他不同疊層的單位之間具備自相似性）。[7]自然界四處可見混沌模型，好比蕨類樹葉的外觀形狀或動物群總體數量的成長和衰退變化。混沌理論在電腦安全的密碼學中也有實際應用，不過就多數管理目的而言，混沌理論的實際應用多所受限，這是因為初始條件要有關鍵重要性，這部分在商界很罕見，即使有的話也極少量化到必要的精確度。除此之外，通常不太可能有一組決定實際上商業情況可能如何演化的方程式。不過研究人員依舊鍥而不捨地在金融市場交易與經濟模型等各門領域中，尋找混沌理論可能的商業應用。

錯雜性確實具有很多混沌的特質。科學家兼作者史考特．裴吉（Scott Page）稱錯雜性為複雜系統與混沌系統之間的「有趣中介」（interesting in-between）。[8]雖說錯雜系統不像混沌系統這麼有確定性，但確實具備不可預測結果的重要及共同特質。

數學方法可以十分貼切定義「混沌」，但「惡意問題」無法如此明確。惡意問題與錯雜性一樣，通常沒有一套放諸四海皆準的定義。「惡意」的意涵與「錯雜性」一樣，比較是取決於「本質並非如此」的類型，而非「本質便是如此」的類型。一般來說，一道惡意問題就是一道具有許多環節相互關聯的問題，以至於牽一髮動全身，最終讓它看似不可能全面徹底解決。一道惡意問題可能是由簡單、複雜甚至錯雜的部分組成。

在社會工程與變革領域中，惡意問題的概念日益突出。處理社會變革議題時，派系及限制條件之間經常爆發利益衝突，其間往往帶有各種相互關聯的反饋循環或連結。有一道適切的例子足以闡明惡意問題，亦即圍繞著城市垃圾基礎設施擴展的議題。人人都希望垃圾集中管理，但沒有人願意自家附近設立垃圾場或回收站。包括正式與非正式的各種遊說團體都會集結成軍，提出自己的議題，但通常無法解決這些互踢皮球的議題。氣候變遷的政治通常也被視為惡意問題的例子，因為我們都想要有唾手可得、方便好用又成本低廉的能源，卻不樂見這類能源通常會產生的有害環境效應。

錯雜性如同混沌一樣，也與惡意共享許多特質。首先，惡意問題與錯雜議題通常沒有定義明確的方法足以衡量成功。尤有甚者，惡意與錯雜議題多半沒有定義明確的終點，它們往往屬於長期或持續發生的議題，而且會不斷改變或自我演化。錯雜與惡意議題主要的區別，在於錯雜展現乍現的特質。雖說惡意問題常常會改變自己的特徵，它們採行的方式與錯雜性展現的乍現打從根本就截然不同。

兩類議題中，其中一類會被認定是錯雜議題，另一類卻被視為惡意議題，其間尚有一道實際的區別，亦即惡意問題通常會導致明確的預期結果；反之，錯雜性具有乍現特徵，表現形式便是無可預期的結果。

出於實際目的，惡意問題可以被視為高度與錯雜問題相關且相似。一開始就企圖在這些領域的發展階段闡明含糊分類所產生的區別，終將注定徒勞無功，因為主要的共同點就是惡意情況與錯雜情況都不複雜。

第 2 章 商界的金科玉律是假的

商界中有許多隱含的金科玉律。你回頭看看序就知道，所謂金科玉律就是人人毫無疑問認定為真的事情，也就是眾所公認的不成文規定。金科玉律通常存在複雜系統中，下文所述的商界金科玉律都是隱而不明的潛規則，而非你在大學上數學課時學到白紙黑字寫下來的公式。它們之所以隱而不明，也是因為沒人可以像解釋數學公式一樣清楚交代何謂商界金科玉律。然而我們心知肚明它們存在，因為管理階層無論是有意或無意，總是深信不疑地依規行事。

儘管絕大多數管理階層煞有其事地依循下文所述的商界金科玉律行事，但我會主張，這裡的每一道假定事實都是錯誤觀念，或至少可說是被曲解的迷思。總的來說，這些金科玉律支持「商業很複雜」這道典範，但它或許正是所有金科玉律中錯得最離譜的代表。接下來，我們就開始批判性檢視與質疑這些金科玉律。

● 凡人皆複雜

第一道錯誤的金科玉律就是「凡人皆複雜」，換句話說，它假設我們所有人都依據一套完善的法則行事。有鑑於情境與輸入條件都一樣，理當大家的行動也可完全複製。

這道金科玉律核心的基礎前提，就是理性經濟人（rational economic man）概念，其初始版本假設人人都會採取最大化自身財富的方式行事，但這道前提會遇到兩大問題。第一，它假設人人都有充分學識，知道何者符合或不合自己的最佳經濟利益。任何人試圖管理自己包括稅務影響在內的退休組合帳戶都很清楚，這道假設不必然站得住腳。

信奉理性經濟人這道概念的第二大問題，或許就概念上而言更重要，亦即沒有人真的會完全嚴格遵守增加財富的方式行事。就增加財富而言，個人的職業選擇可能影響深遠，但其實許多人選擇職業或選擇特定的居住地區時就知道，自己的財富很可能無法最大化，特別是年輕世代上班族往往選擇自己感興趣的職業，或是他們相信自己可以樂在其中的職業。這種經過省思後選擇的職業生涯或是為特定企業服務的意願，經常遠勝過報酬更優渥的工作機會。許多組織當然都知道這一點，因此現在都會提供諸如遊戲室、托兒服務等專用場所，或甚至同意員工奉獻一定比率的工時從事慈善公益活動、自己的事業或專業職能發展。

許多人依舊會篩選出自己想從事的職業，他們會根據任何端到眼前的求才方案做好預設選擇，而非卯起來四處亂丟履歷表給各行各業的雇主。但現實是，許多人都是憑運氣或偶然性而接下職務，像是他們剛好有機會接觸某一項工作，最終順勢發展出自己的職涯。儘管職涯顧問可以提供許多諮詢服務，許多年輕人似乎很少或幾乎不曾意識清明地掌控自己的職業選擇。所謂「個人職業就是一道有意識的決定」，這句話似乎是理性人迷思的產物。

有這麼一道普遍假設，職業選擇通常取決於最大化個人財富的渴望，但它只是錯誤埋單「理性經濟人」迷思的其中一例而已。甚至多數經濟學家都同意，嚴格遵守「理性經濟人」的信念主要就是聚焦財富最大化，但這道觀點有缺陷；反之，「財富最大化」應該更廣泛地定義成「效用最大化」。就這道觀點出發，可以將「效用」放寬想成「幸福感」。因此一套更務實的手段就是，視理性經濟人為採取行動提升自身效用或個人幸福感的族群。這麼做的問題在於，我們也難以最大化自身的幸福。任何人曾經看過孩童（其實成年人也一樣）站在冰淇淋櫃前方猶豫選不出自己最愛的口味就知道，下定決心讓自己開心，有時是一件超困難的事情。同理，讓自己開心很大程度取決於你置身什麼樣的情境，這正是零售業者的拿手好戲，以便善用自己針對門市設計、創造的氛圍賺錢。

優化幸福感的效用函數存在一道與生俱來的問題。根據定義，在既定情況下理當有一道選擇或決定將會最大化我們的效用，但同時間可能還有許多其他選擇足以提供我們相當但並非最大程度的效用。回到前一段提到選擇冰淇淋口味的例子，在某個特定時刻，最佳選擇可能是巧克力口味，但是對多數孩童與大人來說，草莓、楓糖捲心或甚至香草口味儘管不是最理想的選項，一樣都能讓人大大滿足。最佳與幾乎最佳之間的區別，可能僅是毫釐之差，因此難以察覺。但是我們在追尋最佳結果的期間有可能過度操煩，想要做出正確與最理智選擇，結果那一股相信自己應該而且可以選到最佳口味的壓力，反倒壓垮買冰淇淋的幸福感或效用。

這道比喻也適用於企業。就數學機率來說，管理階層都會做出最佳決定。這是一道安全假設；但是其他選擇也可能差不多同樣合用。諸多選擇之間的區別有可能微乎其微，因此難以察覺。不過正如冰淇淋例子所示，試圖做出最理性選擇有可能本身就耗費太多時間與精力，遠非最佳決定與許多幾乎是最佳決定之間的差異比得上。

尤有甚者，我們不只在決定什麼事能讓自己開心或最大化我們的效用等方面會遭逢選擇困難症，更會看似毫無規則地改變自己心意，推翻已做成的決定。學術研究者以公正不倚的眼光進行研究，證實我們的選擇似乎經常是不一致或不合理。心理學家丹尼爾・康納曼（Daniel Kahneman）與阿莫斯・特沃斯基（Amos Tversky）就是這類型學術研究者，他們研究心理學、經濟學以及人們如何在不確定性和風險下做成決定，評估這三者之間的交集結果。

康納曼與特沃斯基的發現之一就是他們名為「展望理論」（prospect theory）的結論。[1] 他們在一系列巧妙設計的實驗中顯示，人們權衡收益的可能機率與他們權衡損失的可能機率不一樣，多數人認為損失一元的可能性所造成的殺傷力或痛苦感，遠遠超過賺到一元收益的喜悅感。這個結果的意涵在於，多數人因此不會接受公平賭局。根據典型的經濟決策而言，這當然是不理性的想法。若是公平賭局，在其他所有條件都相同的情況下，玩家要不要跟著下注應該沒有好惡之別。舉例來說，假設公平擲出一枚硬幣，人臉朝上你就贏一元，數字朝上則輸一美元；即使賭博的期望值為零，但多數人都不會接受這場賭注。[2] 現在請拿這項結果與事實對照：每星期都有幾百萬人花錢買樂透，即使他們都知道自己手中那張彩券的期望結果根本是負值。再舉另一道例子，想想賭場有多受歡迎好了，撇開最豬腦的賭徒不說，其實所有賭客都知道贏錢的機率對他們不利。這不只是彰顯做決策不理性，更是不一致；除此之外，賭場的例子更顯示，我們做決策有可能高度受到當下周遭環境所影響。

在金融圈，已經有一門稱為行為金融學的完整領域崛起，研究現在眾所周知人人與金融事務打交道時會出現的非理性現象。除了展望理論之外尚有許多行為金融學效應，試舉過度自信產生的偏見當作另一道補充範例，它被幽默劇作家蓋瑞森　凱勒（Garrison Keillor）貼上「烏比岡湖效應」（Lake Wobegon Effect，編按：一個虛構小鎮）標籤，意思是，多數人都自我感覺高人一等。有一道具體範例就是「九〇%學區都自評高居前十名」。這句話似乎只是想博君一笑，而且原意也確實如此，不過真實統計數字顯示這種效應千真萬確存在，而且一點也不是在開玩笑。舉例來說，當投資客被問到他們覺得明年股市表現將如何，他們自己的投資組合表現又將如何，顯著的多數受訪者都會說，自己的投資組合表現將會遠遠超越平均水準。一般來說，這種過度自信產生的偏見會發生在我們看到眾人相信他們自己比一般人更聰明、更有能耐，或是自制力更強的情況下。根據或然率定律來說，這種心態顯然只是腦補。

不過，確有案例可以顯示，非理性決策遠不僅止於行為金融學領域的諸多發現。行為金融學這門領域企圖解釋，人人與自己獨處的當下做成決定所採取的行動有多麼不理性。但我們多數人的不理性決定，多半是在眾人環伺的情境下做成，這一點便為理性經濟人的概念帶來不同類型的挑戰，我們可稱為社會金融學效應（effect of sociological finance），與行為金融學的概念相反。

我們將社會環境如何影響決策的過程當作例子說明。請試想一下實驗心理學家所羅門·艾許（Solomon Asch）發表的簡單社會實驗。這場實驗名為艾許從眾實驗（Asch Conformity Experiment），找了幾名受試者參加，[3]但其中僅一名素人是真正受試者，其他成員都是演員喬裝，也都聽從實驗者的吩咐協作。所有受試者都先過目一張畫了三條線的卡片，真正受試者得告訴實驗者其中哪一條線最長。卡片上某一條線明顯比其他兩條更長，不過所有假扮受試者都被要求，作答時要選擇比較短的兩條線其中之一。在這些條件下，真正受試者幾乎都會與假扮受試者的選擇符合一致；換句話說，真正受試者也將會告訴實驗者明顯較短的線條才是最長的線條。這場實驗的目的是要彰顯，我們超容易受到其他人的想法與決定所動搖，儘管獨立測試時我們可能會堅守反對立場。

這些實驗結果和我們每天在別人與自己身上經歷的實踐結果相當，全都突顯一項事實，亦即無論是在獨自或集體的情況下，我們縱有諸多優點，就是不像理性經濟人模型假設的形象，無法完全、一致地保有理性到底。我們都有內在偏見，做決策時也會受到周遭環境與環伺的眾人影響。我們不是根據某種一眼即知、可以複製的行為法則行事，顯而易見，我們每一名個體的組成元素都很複雜，不是法國哲學家皮埃爾－西蒙．拉普拉斯（Pierre-Simon Laplace）及其他各時代的哲學家提出簡單而宿命的決定論所能解釋。至少論及經濟事物時，我們確實有自由意志，無論它會帶領我們成為多麼不理性或不一致的人，而且我們的命運也不完全由理性考慮所決定。

我們從實驗結果與個人經驗得知，凡人皆複雜的金科玉律打從本質上就錯了。雖說總體而言我們待人處事之道可能會依循某種統計傾向，但顯然我們都是不同個體，論及制定經濟決策時，明顯是錯雜而非複雜。

知識很珍貴

我們一般都假設，在商界知識很珍貴。在某些情況下，這句話正確無誤。如果你正在評估諸如不動產抵押貸款債權之類的金融證券價格，熟悉證券工作原理與基本金融定價方式肯定大有助益；[4] 如果你經營製造工廠，集結一支深諳如何經營並維護機器設備、操作生產流程的老手肯定大有必要；當然你也需要找到嫻熟公司產品運往各處司法管轄區的分銷管道與相關法規的內行人。不過，所有這些例子都說明這是一項複雜任務，但是在商界，這類任務在創造競爭優勢方面所扮演的角色正漸漸式微。

在當今環環相扣的商業環境中，知識越來越像是大宗商品。你很快就能在網路上搜尋到金融定價模型與計價公式，同時也能找到運用這些玩意兒的範例。製造可以迅速被外包到功能各異的專業製造商手上，它們很可能聘用低技術含量的勞工，或是機器營運的高度自動化工廠。同理，許多產品的分配與銷售管道，可以而且已經是高效外包。

在當今的經濟圈中，重要的環節是知識工作者。不過這道稱呼實則用詞不當。正如多數知識都可以迅速複製、向專家購買或甚至找到網站下載，真正珍貴的人才並不是知識工作者，而是「動腦想」的工作者；動腦想、創造力和敢冒險，才能帶來可長可久的競爭優勢。這些特質都不是找到網站就能下載，或是找到專業工廠就能外包，而是僅能存在組織的全體員工之中。會動腦想才顯珍貴，知識不過是大宗商品。

知識是「複雜」世界的一大特徵。在複雜的世界中知識很珍貴。你希望自己的外科醫師學識淵博，也希望你搭的飛機配了一位知識豐富的駕駛員。不過應用知識卻與動腦想、創造及敢適度冒險大不相同。動腦想、創造力和敢冒險是錯雜技能，都很珍貴，也都可以帶來可長可久的競爭優勢。善用知識完事，才應該被視為最有價值的事。

電腦和機器人崛起正粉碎「知識很珍貴」的迷思。正如我們在第一章討論到許多觀察家都同意的觀點，電腦和機器人不僅接管傳統上被認定為低價值的藍領製造業職缺，[5]它們也日益取代律師、金融分析師甚至醫療專業人員等白領階級；尤有甚者，隨著機器人現在正為某些日本餐館服務顧客，服務業職缺也受到影響。

哲學家艾力．賀佛爾（Eric Hoffer）曾說：「在變動的時代，學習者繼承地球，學到者則發現自己完美準備好面對一個不復存在的世界。」[6]知識自動提供競爭優勢這道金科玉律其實是迷思。管理階層若單單憑恃知識，很可能在不久的未來就會發現自己被取代，或至少發現自己被編入一系列短期諮詢的任務中。

●問題容易搞定

我們假設，重大的商業問題都有對應解方，亦即可以找到方法搞定它們。只要派上聰明大腦與充裕資源對付它，不屈不撓的韌性加上金頭腦終究會擺平問題。但已獲證明的現實是，商業最重要、最寶貴的問題往往棘手難解。

商業最寶貴的問題不只棘手難解，還總是瞬息萬變、自行演化。商業不是一成不變，會隨著組織的員工進進出出、科技發展改變流程與自身能耐、消費者喜新厭舊而一變再變，當然也會隨著競爭者調整自己的因應之道而變。商業最寶貴的問題經常像是置身一場持續演化的舞會，舞步不曾重覆第二次。

第五章〈管理錯雜性〉將會詳細闡述，管理階層的任務不必然是解決問題，反而是管理問題。某部分來說，這是一套錯雜性管理技術，但同時很大程度上得歸於管理階層面臨的問題本質即是如此。解決問題好比舉箭擊中目標，可說是一場打擊固定目標的任務，但是在商界，目標總是無法預測地飄來盪去。有關這部分，請參閱後續一整段有關規劃與預測實為徒勞之舉的論述。尤有甚者，神射手根本看不見多數目標，因為商界管理階層幾乎從來不曾掌握完善資訊或完美遠見。

可以搞定的問題，幾乎總是屬於簡單或複雜問題；錯雜問題則是棘手難解。雖說棘手難解的問題多半是比較重要與珍貴的待解之謎，但管理階層可以善盡其力去試著管理它們。商界中可以搞定的問題很大程度上只是迷思，這道概念也許讓人不太舒服，不過至少就資深管理階層與企業董事會成員所面對的問題來說確實如此。現實就是棘手難解的問題。當然，這道念頭就會導向「規劃不可或缺」的迷思。

倘若商業問題都能搞定，管理階層實無存在必要；倘若商業問題都能搞定，電腦幾乎肯定有能耐比真人管理階層更好、更快做成決定。隨著人人越來越清楚意識到複雜與錯雜任務之間的區別，很可能許多管理功能確實將由電腦或機器人接管。不過現實是，鮮少重要的商業問題真能一勞永逸解決，因此商界永遠都需要可以做成決定的管理階層。

●規劃不可或缺

第六章將詳實探討策略與策略規劃。此刻，檢視「規劃」在創造、強化「商業很複雜」這道典範所扮演的角色就很重要了。每一名商學院學生至少都會選修一門商學院課程，而且很可能選修不只一門各種面向的商業規劃。商業規劃是命令與控制思想的核心，內含在複雜性思維中。多數企業都準備至少一套年度商業計畫，同時會附加一套五年計畫，甚至再來一連串季度計畫。企業家拜會銀行與風險投資基金商談籌資之前，都會接受指導、擬定一套商業企劃書。當然，資方鼓勵並獎賞員工貢獻心力完成這套企劃。不過規劃這碼子事的重要性和有效性，其實是被過度高估了。

就複雜情況而言，規劃十分有效。這類情況所有參數已知、結果可期，因此規劃能讓企業看到各種替代方案的結果，並計劃活用最適合自家策略的選擇。舉例來說，送貨司機可以依據下貨地點與高度可預測的交通模式規劃自己的行車路線，某些路線可以最小化送貨時間與成本。他們會整天參考衛星定位系統數據與更新的交通模式，一旦路況生變，某些路段被重新計算，司機就可即時重新安排路線。大型的國際快遞公司開發相關規劃與演算式優化工程，顯著提升了帶來收益的效率。舉例來說，快遞運輸商優比速（UPS）估計，近十年它嚴禁司機在駕駛路線上左轉彎，單單在北美就省下超過三千八百萬公升汽油。[7]不過諸如爆胎或交通事故等意外事件可能偶然發生，導致即使是最完善計畫都前功盡棄。

如果可以拿商業與戰爭相比，兩者之間有許多相似之處顯示它們很相像，那麼這句軍事古諺很適合比喻規劃：「儘管事前詳盡計畫，遇上敵人終究不奏效。」相關古諺是：「如果你想讓上帝發笑，就把你的計畫告訴祂。」在靜態、複雜的世界中，規劃非常管用。稍後我們在第六章會再詳述，即使面對錯雜性環境，規劃依舊是珍貴的作為。不過，是作為本身珍貴、有用，而非計畫本身。規劃套用在錯雜性環境中比較像是發揮創造力，而非打造行動藍圖。

與規劃息息相關的行動是預測。無可否認，許多企業對自己的預測能力比規劃能力更沒把握；這一點其實有點諷刺，因為最常注入規劃模型的主要條件，多數都是源自於預測活動。無論如何，眾人都接受未來的先天本質就是未知，特別是在這個破壞式科技當道的時代。

幾乎所有預測技術的其中一部分都是倚賴過去的預言。當創新不足而且主要都是依據過去的技術延展時，採納過去的趨勢就是預測未來的合理基礎。不過隨著破壞式科技、錯雜性漸次崛起，過去已經不再是預測的好起點。金融科技業的區塊鏈技術保存紀錄、計程車產業的優步（Uber）與 Lyft、自駕車與卡車、大數據迅猛進展，以及 3D 列印技術等破壞式科技，都掀起壯闊波瀾，讓我們單單只是猜測未來都變成不可能的任務。

儘管企業行禮如儀一般執行規劃活動是隨處可見的現象，加拿大管理學教授亨利．明茲伯格（Henry Mintzberg）發表的研究卻發現，這類規劃活動具體說明企業做些什麼的程度僅有二〇％，其餘近八〇％的企業行動則是基於自發性決策。[8] 這項結果具體顯示，將策略性計畫視為行動藍圖並不明智。

●「數據好棒棒」

有一則關於酒鬼在路燈下找鑰匙的老笑話。一名警察走過來查問酒鬼在幹嘛，酒鬼口齒不清地說自己搞丟鑰匙，現在正四處尋找。警察加入一起找，兩人站在路燈下到處尋找搞丟的鑰匙。一會兒後警察問酒鬼，他是不是真的確定鑰匙在這裡搞丟的，酒鬼回答：「報告大人，關於這一點，其實不是耶。我是在對街的小暗巷搞丟鑰匙的。」警察一整個被打敗，回問：「那你幹嘛要在這裡找?!」對此，酒鬼的回答是：「欸，因為小巷子太暗了，這裡的光線明亮多了，比較適合找東西啊！」

諮詢數據的做法可能合情合理，但管理階層的行為往往看來就像這名犯傻的酒鬼。他們都忙著參考手上的數據（好比笑話中的「光線」）去分析問題，而非花時間去思考儘管欠缺充分數據但真正需要解決的議題。

就複雜問題而言，數據通常唾手可得。但是由於錯雜性問題的本質不同，即使是從概念出發，可以用來解決它們的數據通常遙不可及。這是因為構成複雜問題的要素都是已知資訊，但是與錯雜性問題相關的許多要素則是未知之謎。你無法蒐集未知因素的數據；尤有甚者，由於錯雜性問題本身具有非線性特徵，而且有相應的蝴蝶效應，就算種種要素都是已知資訊，有效解決錯雜性問題必需的精準度也可望不可及。

管理大師彼得・杜拉克（Peter Drucker）曾一語中的宣稱：「可以衡量的事就可以管理。」對管理階層來說，有必要反問這句話是否總是恰如其分。單單只是因為某項議題的數據唾手可得，並不代表它就值得管理階層費時勞力。尤其是遇到錯雜性的處境，往往根本沒有或僅能得到有限數據，這種情況最需要管理階層全神貫注。

一旦掌握數據，就會很想研究與管理，因為這讓管理階層產生一種做出有用貢獻的感覺。不過管理階層應當留意，不要落入管理可衡量事物、而非管理重要事物的陷阱。

成功管理數據相對容易，亦有所得。知道某甲正試圖給出答案，而且還是走在經過冷硬數據與數學驗證過的正軌上；就算不是走在正軌上，找出一道數據量化過的方向，好讓某甲知道應該如何調整才能更接近答案，這確實是令人雀躍的事。在缺少數據附帶好處的情況下著手管理，往往很艱難、令人困惑，還會讓人備感沮喪。好比個人永遠無法客觀確定自己的績效，就不可能保持高分。不過，正如酒鬼在對街暗巷搞丟鑰匙卻在路燈下四處尋找，根本毫無道理，管理階層硬要管理與業務成功八竿子打不著關係的數據，也一樣毫無意義。

「數據好棒棒」這句金科玉律，適用於一門業務的複雜層面，但套用在管理階層必須處理的錯雜性問題，就可能會產生誤導作用。

● 頻率學派統計將改善商業預測

數據重要性的迷思，與頻率學派統計的迷思息息相關。研究風險的金融學教授里卡多．戴波納多（Ricardo Debonato）出版《算命仙的困境》（Plight of the Fortune Tellers），[9]是一本擲地有聲、深思熟慮的著作，書中便描述這道迷思的謬誤。

頻率學派統計探討這股倚賴數據的趨勢，明顯聚焦龐大的歷史數據集。套用頻率學派統計的做法，隱約立足於「過去趨勢將延續到未來」這道假設。對複雜系統來說，這句話大致正確，但就錯雜性而言顯然有錯，而且有誤導性。

一道可說明套用頻率學派統計的例子就是精算科學，亦即設定保險費率基礎。以人壽保險為例，精算師參考歷史死亡率並依據個人年齡、社會經濟因素與生活方式因素，好比吸菸或是否熱中高空跳傘等高風險活動等，高度精準地推算出個人死亡率。對保險公司來說，這種分析合理有據，因為它經手數量龐大的保戶，而且支付比率取決於平均值而非任何特定個人的特定死亡時間。其間它必須考量許多諸如死亡或非死亡等事件，於是總的來說，除非突發一場足以在歷史記上一筆這種無法預見的大流行病，否則保險公司從為數龐大的保戶中推算得出的死亡人數確實可能非常接近實際的死亡人數。

然而，多數企業決策並不像保險公司經手的樣本這種規模龐大的類型，反而多半是單發的一次性決定，因此頻率學派統計的準確性時有爭議。再舉一道頻率學派統計的例子，它告訴我們，美國十五歲至四十四歲婦女的生育率為〇・〇六三。顯然不會有女性每年生出〇・〇六三個嬰兒，但我們卻會預期，每十萬名介於這段年齡區間的女性總共會生出六千三百個嬰兒。

讓我們就同一道主旨，考慮另一項打賭擲硬幣結果的例子，以便進一步說明頻率學派統計的謬誤。假設有人和你打賭擲硬幣，要是正面朝上你就贏一百二十萬美元，反之則賠一百萬美元。多數人不會同意賭這麼大，因為要是輸了一百萬美元就等於破產，儘管下注的預期價值平均為十萬美元。對多數人來說，這都是一筆大錢。現在讓我們假設賭注的條件微幅改變，在新賭局裡，丟硬幣一千次，每次只要正面朝上你就會贏一百二十萬美元，反之則賠一百萬美元。多數人都會願意願放手一賭，因為他們輸錢的整體概率非常低。請留意，兩場賭局的唯一差別僅是第二場重覆丟擲許多次，因此頻率學派統計適用。

在商界，鮮少管理階層需要一而再、再而三地重覆做同一道決定。每一名新進員工都是獨一無二的存在，每一項新產品發表都是獨一無二的活動，每一道資本投資決定都是獨一無二的結果。管理階層的處境很像我們的擲硬幣例子，雖然頻率學派統計告訴我們，意料之外的結果有可能很正面，但我們通常不願意冒險，因為要是我們猜錯了，根本無法承擔重大損失。為此，歷史數據分析的用途往往很有限。

頻率學派統計套用在信用卡公司可能很管用。信用卡公司可以針對一名新卡用戶的各種數字相關特徵延展對方的信用，好比收入、當前積欠債務總額、在目前住處生活多久以及其他各種因素。在此，由於信用卡公司擁有幾千、幾百萬名持卡戶，因此可以採用頻率學派統計推算個人拖欠信用卡債務的不利損失。在這種情況下，平均值確實成立，而且與修正過後的擲硬幣賭局有相似之處，亦即丟擲一千次這部分。

●大數據將改善商業預測

大數據將改善預測的信念，也與數據重要性的迷思息息相關。毫無疑問，應用大數據已經是一種變革作為，這種變革很可能繼續行之數年。不過它能否改善預測，仍然值得商榷。

首先，大數據崛起有可能只是放大頻率學派統計的謬誤，這是真實存在的危險。有些商業層面很複雜，或說它們就是會一再重覆，頻率學派統計在這類情況下可以扮演非常寶貴的角色，管理階層則會明智利用所有唾手可得的數據組合與適當的統計工具。但是，一旦環境變化或錯雜性冒出來，大數據與頻率學派統計套用在單發的一次性決定情況下，反而極具誤導性。在這類情況下，深謀遠慮的管理階層採用大數據將會極度謹慎、常保質疑。

第二道議題或許更重要，亦即大數據可能只會告訴你過去發生的事情。過去的知識確實有幫助，但用途有限，一旦試圖用於預測未來，可能極具誤導性。舉例來說，很可能你會應用大數據追蹤一大群椋鳥飛過天際的路徑，但是這類數據知識只能讓我們製作出歷史飛行軌跡的模型，毫無能耐預測這群鳥兒接下來將飛往何處。

除此之外，分析過去並不能讓我們目睹典範移轉或是創造典範移轉。舉例來說，分析黑膠唱片銷售情形並無法預測CD的銷售情形，肯定也無法預測數位音樂終將變得多麼普遍。倚靠大數據可能實際上只是阻礙管理階層夢想、開發寶貴新產品與服務的能力。

人定勝天

商界有一道普遍迷思就是「人定勝天」，它的本質是指，只要撥出充分才幹、金頭腦與資源，商業問題便能迎刃而解。幾百年來它也是科學界的普遍迷思，人們相信科學可以解決全世界所有的問題及謎題。當然，管理階層十分樂意永遠延續這道迷思，畢竟他們具備的金頭腦，就是企業成功的主要因素。

與「人定勝天」這道金科玉律相反的觀點，是英國生物學家萊斯里・歐格爾（Leslie Orgel）的第二定律（Second Rule）。他主張「演化比你更聰明」，並用以解釋任何科學家設計的演化路徑，遜於實際發生的演化路徑。

歐格爾的第二定律，與商界發展及規劃本質上有類似之處。商界所發生的事件，將比人類心態所能想像的情境更有創造力、更聰明。「真相比虛構的故事更離奇」，這是知名古諺版本的說法。

大腦和知識肯定有助於處理複雜系統，但再次重申，倘若系統屬於錯雜類型，我們認為這道迷思的應用有限。正如稍後將會進一步討論，思考時虛懷若谷、帶有彈性，可能比一味表現聰明才智更重要。

●組織優化

在本章前半部我們討論過理性經濟人的迷思，並歸納出一道結論：對所有優化個人決定的個人來說，就算真有可能成為理性經濟人，也會十分吃力不討好。不過對企業來說，整體而言是否有可能優化營運？

就企業所採用的複雜流程而言，優化營運是極可能的目標。舉例來說，一家煉油廠有可能依據自己必須提煉的原油類型，產出一套獨一無二的油品組合，進而優化利潤。貨運公司可能從管理上貨、下貨各種包裹的順序做起，進而優化司機的行車路徑。撇開氣候與其他嚴重破壞優化調度的事件不看，航空公司可能會適當調整航班在空中飛行的距離，以便優化它的機隊創造營收的時間。除此之外，還有許多其他企業利用優化技術最大化營運效率的例子。

這些都是眾所周知的優化技術，每一家商學院與工程設計學程都會教。不過問題在於，企業是否真能優化自身營運？答案是「別傻了！」證據顯而易見。隨便找幾乎全世界任一家企業內部兩名相信自己可以在午餐席間自由閒聊的員工問問，都會聽到他們說：「你能相信這家公司有多混亂、管理不善嗎？」

雖說上述評論引人發笑，但現實肯定如此。眾所周知，企業營運效率低下，優化與最大化效率往往只是目標而非現實。儘管如此，現實中仍有一整門產業集結了專研效率的顧問、規劃者與專案管理者。他們追求將量化的優化技術應用在企業的整體營運過程中，問題是優化技術僅在對付複雜問題時派上用場，好比提高原油煉成精製油品的產量；一旦流程或情況屬於錯雜類型，優化完全失靈。

組織正在優化的信念並不可靠，現實是企業都在滿足實現特定目標所需的最低要求；也就是說，它們並未試圖做出最佳決策，而是試圖不要做出最爛決策。幾乎所有的企業決定，都是基於一套集結數據分析、直覺以及從個人利益出發的政治活動的組合。當每一道特定決定牽涉的每一名不同利益關係人，對數據的解讀結果不同、一套集結不同原則的組合引導他們的直覺，加上一套集結不同政治動機的組合，滿足實現特定目標所需的最低要求就會順勢而生。考量到這樣的背景，企業還是一如既往地效率滿點，真的很厲害。

推進組織內部決策的諸多因素實屬錯雜，讓人遺憾的事實是，錯雜性與優化互不相容。錯雜性是現實面，企業優化自身營運的說法則是迷思。

●專家深諳內情

一九八〇年代中期起，研究學者菲利普．泰特洛克（Philip Tetlock）檢視各門領域專家的預測結果，包括經濟學、科技和政治。所謂的專家，主要是指各個政府機構一貫諮詢的對象，因此他們是各自擅長領域內的第一把交椅。泰特洛克追蹤這些專家幾十年來的預測結果，看看他們的預言究竟多神準，但最終歸納而成的結果令人失望，他的結論是：「普通專家的準確度，其實和投擲飛鏢的黑猩猩差不多。」[10]

企業聘用專家的心態是，他們深諳有價值的某事，對企業本身的未來很有用。現實其實截然相反。這一點當然不妨礙商業媒體持續將這類專家推上檯面，當成新聞產出的一部分。正如本書〈序〉所述，某種程度來說，我為媒體頻道扮演所謂專家的經驗，正是驅動我撰寫這本書的動力。媒體越是倚賴專家，專家的名聲就越水漲船高，企業也就更加倚賴他們。專家的這種能力變成一道自我永遠延續的神話。

諷刺之處在於，泰特洛克發現，越有自信、態度越堅定的專家，他們提供的資訊就可能越不可靠、越不準確。儘管如此，這些打點過門面、精通媒體的專家，都能自信滿滿地將預測內容說成事實，大家看待他們的評價也就高於注重細微差異的預報員；後者看起來就是比較沒自信，而且還會陳述好幾種不同的可能預測結果或未來場景。

正如我們所見，現實是錯雜情況，需要我們虛懷若谷、帶有彈性。被視為專家的管理階層很可能看法不夠有彈性或是過度投入，因此不太可能具備處理錯雜情況的能力。將他們推上專家地位的特質，也可能讓他們比較不成功。

關於專家預測有一道非常有趣的反例，亦即群眾智慧。雜誌專欄作家詹姆斯・索羅維基（James Surowiecki）在著作《群眾的智慧》（The Wisdom of Crowds）中提供各式各樣的例子，其中一群非專家素人的普通預言竟然勝過專家意見，即使前者對主旨根本就只懂一點皮毛或甚至毫無概念。這項結論著實讓人跌破眼鏡。[11] 索羅維基提供的範例橫跨預測大選結果與未來電腦晶片定價等，重點似乎落在專家意見的價值根本就言過其實。

• • •

簡言之，商業中有許多金科玉律被認定很重要，因而形成某種未公開明言、用於支撐許多業務決策基礎。不過，許多這些金科玉律，似乎僅適用於複雜的應用情境，並不適用於錯雜情況，事實上可能根本會適得其反。理解某一種特定商業情況究竟是複雜或錯雜，顯然至關重要。

當然，最重要、最有象徵性的迷思，就是「商業很複雜」。這將是下一章的主題。

第 3 章 一點也不複雜

一八三九年，安東尼・百達（Antoni Patek）與法蘭契斯・恰佩克（Franciszek Czapek）合力創辦一家製表公司；約莫兩百年後，百達翡麗（Patek Philippe）這塊招牌已經成為全世界最精密、最昂貴也最受歡迎的手表代名詞。百達翡麗素以「精密複雜」著稱，它的功能遠超過機械表可以輕易辦到的報時任務。在百達翡麗這種等級的精表中，精密複雜可能涵蓋諸如可以根據每月不同天數自行調整的萬年曆、同一支表可以當作測量兩道或多道時間間隔的計時馬表、動力儲存盤、月相刻度盤、可以調節因為重力造成時間誤差的陀飛輪（tourbillon），以及許多其他可能的附加功能。通常功能越繁多或是手表本身越複雜，就越是玩家追求、收藏的目標。當然，諸如彈簧和齒輪等所有複雜功能全都是靠傳統師傅的一雙巧手打造而成，你看不見石英晶體或電腦這類現代化的痕跡。

精美手工表不只是昂貴的珠寶（因為表身鑲嵌各種珍貴的寶石和貴金屬外盒），它們更是高深、慢工出細活的心血結晶。某種程度來說，帶有複雜功能的精表實非浪得虛名。製造具備複雜功能的精表需要精細的手工細節與設計工作，這些的確讓人讚嘆不已、值得讚賞，由此便為幾萬美元、甚至幾十萬美元的神級天價奠定合理依據。

鐘表機械的世界觀類似複雜性思維典範。精表是由技巧純熟、天賦異稟的製表師設計製造而成，他們帶著眾所周知的精確度與準確度投入工作。將這樣的世界觀應用在商界，便會製造出一種假設，亦即商界管理階層若具備一定水準的精確度、準確度，就可以設計、打造一門類似製表的業務；只要管理階層夠聰明，而且具備計算、管理複雜性的技巧就好。

在消費者是老大的已開發世界，眾人十分著迷複雜事物。它們往往成本更高，而且採用的工程技術常常會提高製造商的聲譽。產品背後的工程師都是得獎常勝軍，在自己的專業領域內走路有風。我們身為消費者，熱愛展示我們擁有的複雜產品，並藉由細說箇中那套足以彰顯我們有財力、夠世故並具備精緻品味的精妙機械原理，進而炫耀我們的個人知識與見解。

但是我們得問問，「複雜」是否永遠真的比較好或甚至有必要？幾年前，我曾在一場非常重要的會議上自問這道問題。那天早上我才飛抵開會的城市，倉促趕往機場前我忘了帶表出門。由於那一整天排定好幾場會議，行程很緊湊，因此我趕在第一場會議開始前，衝進百貨公司買了一只再普通不過的手表。這支表毫不起眼，事實上它非常陽春，甚至沒有日期功能，但即使價格便宜，看起來還是挺體面的；話說回來，我也沒有時間挑三揀四。

碰巧的是，那天第一場會議的關鍵與會者也戴了新手表，不過他的寶貝可是貴森森的高價精品，具備許多功能，好比日期與星期日程功能、多時區、月相以及幾種其他複雜功能。會議開始後，對方注意到他手上的表定住不走了，我懷疑是故障，同時我們都假設可能有人曾經手動上鏈，因此設定不正確。我手上的表是一只便宜的石英表，因此無須手動上鏈。這場會議剩下的時間裡，手表主人都用來搞清楚如何重新設定並正確手動上鏈。我的四十七美元手表走得好好的，他的一萬七千美元手表儘管肯定更令人嚮往，卻不必然功能更強大。這道反差讓我暗自竊笑。

我們有時候會對商界的複雜系統與流程，產生一股劃錯重點的心醉神迷，就和手表與其他消費性產品一樣。正如產業動不動就愛用精美的簡報檔案樣板、熱愛高度倚賴顧問與專家一樣，它們更愛相信複雜性思維與分析的威力強大。但是正如我的陽春手表所示，「複雜」不一定永遠真的比較好，甚至不一定恰當。

本章將概述商界複雜流程的特徵。管理階層通常預設一種「複雜心態」，本章會說明它不僅效率低下，更會適得其反。複雜性思維絕對占有一席之地與重要角色，但真正高效能的管理階層將可以同時應付複雜與錯雜情況，還可以理解每一種心態何時最能發揮效用。

●皮埃爾．西蒙．拉普拉斯的迷思

法國數學家兼量子物理學家皮埃爾．西蒙．拉普拉斯（Pierre-Simon Laplace），也許足以被冠上「複雜性思維之父」的稱號。拉普拉斯生於一七四九年、卒於一八二七年，在數學、天文學、力學和統計學領域締造許多重要成就，堪稱有史以來天資最聰穎、最重要的科學家之一。他更是所謂科學決定論的創始人，相信要是有個人手握某一段特定時間內全世界每一顆粒子的位置和動能，他就可以計算出全世界的完整歷史，更能預測未來。

這是一道影響深刻的大膽聲明，隱含其中的暗示就是根本沒有所謂自由意志。萬事萬物早已天注定，過去可以完全解釋，未來也可以完全確定地精密計算。在十八至十九世紀初期，這是一種非常令人不安、高度具爭議性的聲明，帶有政治、宗教、社會和哲學意涵，至今哲學家仍眾說紛紜、深入鑽研。

拉普拉斯不必然相信，未來真有可能測量全世界每一顆粒子的位置和動能，也不必然相信人類將具備計算能耐，可以運算出所需結果。明白這一點很重要。重點在於，至少就概念而言，拉普拉斯相信，萬事萬物早已天注定，理論上我們可以像回顧過去一般精確地展望未來。

近兩百年來，拉普拉斯的科學決定論一向是科學界的關鍵理念，直到被現代世人熟知的海增白測不準原理（Heisenberg Uncertainty Principle）理念所取代。[1]他的論述帶有弦外之音的哲學和宗教色彩，明顯引爆廣泛爭論。但是就科學的角度來看，這是一道非常引人注目的想法，至今依舊如此，不過看起來似乎接收到這項核心訊息的人反而比較多是非科學家，而不是科學家。

這道科學決定論的想法，格外在一般大眾心中生根，化成一道領導人與管理階層具備掌控諸如經濟、環境、天氣，當然還有政治事件等多元議題能力的信念。諮詢醫師時，我們會抱持一種期望心態，假設他們做好、做滿診斷測試後，就有能力開出藥方或是設計出治癒疾病的流程。這種心態早已在自助論的領域根深柢固，相關專書多如過江之鯽，全都在提倡「N招邁向更美好人生」，迎合人們完全妄想的成功方程式。它也在我們的信念中根深柢固，亦即認定正確的方程式就可以賦能我們的管理階層開發產品或服務，我們得以像變魔術一般大幅推升一〇％營業額。

● 何謂「複雜」？

我們從第一章的討論中理解，一套真正複雜的系統奠基於某些法則或無可爭議的金科玉律，它是一個無限重覆「要是……那就……」這種關係的世界。其中的意涵是，要是我們具備複雜的相關知識，就可能命令與控制任何渴望的結果。

舉例來說，物理學大部分是由複雜系統組成，萬有引力定律即為一例。正如砸到牛頓的那顆蘋果，我們知道要是任憑一件物體自由落體，它就會掉至地面。尤有甚者，任何讀過初級中學程度物理學的人都知道，物體從空中落至地面的速度與時間可以算得出來；雖說空氣密度和阻力是附加因素，但高精準度計算掉落物體的特性確實可行。萬有引力定律可以複製重現，因為我們可以肯定，每次物體落下的方式都毫無二致。牛頓的萬有引力定律就是物理學領域中複雜法則的範例，支配下落物體的運動模式。它適切符合鐘表機械的世界觀。

我們可以根據流程的穩固程度，區分嚴密複雜的程序與簡單流程。換句話說，管理複雜系統力求精確，而簡單系統儘管也遵循規則（或更精準地說，遵循經驗法則），卻不必然需要同樣程度的精確度，一樣可以達成渴望的結果。我們在第一章討論過的煮咖啡，算是這類簡單系統代表之一。煮咖啡的過程涉及遵循一連串規則或流程，但是每一道環節不需要力求精確。就算加太多咖啡粉或是水不夠，咖啡機依然可以煮出適度好喝的咖啡。

反之，在一套複雜系統中，除非每一道步驟都符合完全的精準度或僅有毫釐誤差，否則結果將與渴望結果差之千里。舉例來說，當蘋果從樹上掉下來，它們不是「或多或少」往下掉，它們就是一直線往下掉至地面；蘋果往下掉的速度也不會今天比較快、明天比較慢。同一顆蘋果從同一棵樹的同一個高度往下掉，每一次花費的時間與運動模式都一模一樣，除非有其他外力改變它的路徑。

總而言之，一套複雜系統就像是一只精心設計的機械表，內部的彈簧與齒輪皆是基於物理學和工程學定律，採取非常精確、穩固的方式運作。反之，現代商業、產業或經濟這類例子的運作之道，鮮少像機械表一樣。不過，這道事實未能遏止複雜性思維成為商界最引人注目的典範。

在我們繼續探討之前，應該先注意於「複雜」的科學定義中，不會出現「困難」或「費力」這類字眼。雖說從日常意義上來講，「複雜」一詞通常意味著實現困難或費力，但是就系統意義而言，複雜流程實際上很容易掌握。舉例來說，報紙上的日常數獨解謎遊戲就是複雜問題的顯著例子。數獨解謎遊戲玩家必須遵循一套遊戲規則，最終只有一道正確的答案或結果，數獨解謎遊戲可以複雜至極或輕而易舉。登錄電郵信箱則是另一道複雜任務中的簡單範例，諸如輸入密碼之類的環節，必須一字不差。

我們的術語「簡單」和「錯雜」也存在類似情況。簡單系統或任務往往很容易實現，但不必然如此。舉例來說，把小白球從球座擊出去很簡單，有指導方針和最佳做法可以教你怎麼做。尤有甚者，擊球之道百百種，所以就某種意義而言，建議堪稱可靠。不過許多只有在週末才踩上果嶺的三腳貓都可以親身見證，實際上想要像職業高爾夫球名將羅瑞・麥克羅伊（Rory McIlroy）一樣高竿簡直難如登天。

商界中複雜性思維的起源

或許打從盤古開天以來，人類就一直試圖理解、掌控自身所處的環境。我們可以輕易想想第一批商人發揮知識，進而理解如何、為何眾人要買賣物品，好贏過其他商人取得競爭優勢。能夠靠自己而非求神問卜，確實帶來許多好處，包括自我價值感、對自己的技能感到自豪，當然還有競爭優勢回饋的物質財富與名望。因此很容易想像，商界的複雜性思維崛起，就和商業本身一樣古老。

產業的複雜性思維崛起，則是始於工業時代發軔之際。隨著蒸汽能量被用以產生動力並應用於工業目的，製造與製造工廠開始起飛，科學與工程學的進展驚人改變經濟圈的農耕與工業部門。複雜性思維領跑在這些發展前緣，理所當然。

費德烈．溫斯洛．泰勒最早是機械工廠作業員，後來創建科學管理這門現在被稱為「泰勒主義」的領域。泰勒的洞見大幅加速一八九〇年代初期複雜性思維崛起。泰勒進入機械工廠當學徒期間便開始研究周遭勞工運作移動的模式，因而正確假設，倘若設計更完善的流程，工人就可以更有效率，進而讓他們的雇主更有效率、獲利更豐厚。泰勒曾打算成為律師，最終是在工程學取得學位，因而開始詳盡研究工業流程，聚焦工人使用的工具和過程。

泰勒採用獨特的科學做法研究製造流程。他打破製造流程，細分成好幾道最基本單一步驟或部分的任務。然後泰勒採用時間與動作相關研究的技術，準確衡量一般工人完成每一項任務的單一步驟所需時間。泰勒的時間與動作研究結合系統性實驗，最終成果讓他得以優化許多任務並大幅提高營運效率。他的思考方式引爆一場製造業革命，確立當今盛行的製造業與商業實務。

泰勒的詳細研究結果中有一道範例是，他對使用低價但不可或缺的鐵鍬有獨到的觀察結果。他檢視工人如何使用鐵鍬後歸納出結論，最有效率的鐵鍬負載重量約為十公斤。工人使用標準化鏟子，亦即為每一種不同負重量任務設計且總負載重量為十公斤的鏟子，就可以提高產出。

因此，不同的任務需要不同尺寸的鐵鍬。

泰勒的點子蔚為流行，個人名聲如日中天，因此成為眾所追逐的效率顧問。泰勒身為效率顧問，會仔細分析勞工的工作環境後重新設計場域，優化整體工作據點中勞工穿梭各個作業區塊之間所需的時間。泰勒的點子經常引發爭議，因為它們常常為工廠主人創造利潤，但同時大幅增加員工的負荷量並縮短他們的休息時間。可是泰勒的點子橫掃業界，他所闡述的原理至今仍廣獲採用，幾乎每一家商學院都開辦這套課程，每一座倚賴大量生產的工廠也都付諸實踐。就這一點而言，我們必須體認，大量製造是一套非常複雜的過程。

泰勒主義的另一道原理是調整工人之間的工作流程，以便每一名工人在執行任務時都花費等量時間。這項改變縮短等待時間、避免遭遇瓶頸、提高工廠生產率，而且直接推動裝配線廣獲採用；這時我們不能忘記美國汽車大王亨利．福特（Henry Ford）對此大力推行。將裝配線流程拆解成好幾道組成部分，每一道都加以優化，每一項任務的工人只要在特定時段內完成特定任務就好，這種做法帶來專業化與更高效率。科學管理與製造業扮演的角色結合同時應用在產品設計與製造的工程學原理，形塑出一家企業可以透過優化過程獲取競爭優勢的概念。福特滿心渴望提高效率，據說他提供二萬五千美元獎金，鼓勵任何人向他證明有什麼好法子可以節省汽車製造成本。因此，科學管理與複雜性思維從此深植於商界中。

泰勒主義的另一道結果是專業化崛起與比較優勢的概念。假使工人專注製造過程的單一層面，就可以更輕鬆、更快速地精熟這項任務，因此可以在自己具備相對完善技能的領域充分發揮。這道概念基本上與運動員專精團隊運動單一位置的做法相同。舉例來說，雖然韋恩．格雷茨基（Wayne Gretzky）可說是有史以來最偉大的冰上曲棍球「球王」，很可能會是還不錯的防守員或優秀的邊鋒，但他的比較優勢在於擔綱中鋒，他在這個位置最能發揮自己的進球能力。

科學管理非常適合諸如製造之類的複雜任務。事實上可以說科學管理顛覆製造方法，協助打造現在的高產量製造工廠。二十世紀初，隨著製造在經濟扮演重要角色，科學管理原理變得更加普遍、群起效尤。由於科學在經濟領域也扮演日益吃重的角色，科學管理隨之顯眼突出。隨著科學不僅是在實驗室內不斷突破創新，也推動社會心態大幅進步，愛因斯坦、法國化學家瑪莉．居禮（Marie Curie）、美國物理學家羅伯特．歐本海默（Robert Oppenheimer）與丹麥物理學家尼爾斯．波爾（Niels Bohr）等科學界大師聲譽鵲起。在二十世紀初，科學家的地位猶如「搖滾巨星」。在科學時代，科學管理和泰勒主義可謂乘風破浪。

整個二戰期間，科學、科學管理與複雜性思維繼續獲取更高度公眾認可，科學原理最顯而易見的應用就是開發出威力日益強大的炸彈，最終導向原子彈炸裂日本。戰爭之所以可以早日終結，很大程度得歸功於這一步。其他基於科學的戰時發展，包括雷達、聲納與飛機設計和大規模武器製造方面進步。複雜性思維的另一項結果，則是嶄新通訊技術崛起以及對密碼的需求。德國納粹成效出色的密碼機「謎」就是這類設備代表。我們在第一章提過開發出圖靈測試的艾倫·圖靈，他是逆向解密「謎」，協助盟軍攔截並解碼德國的軍事訊息，最終贏得戰爭的關鍵人物。這些進展突顯並普遍落實科學管理應用，也進一步深化複雜性思維。

羅伯·麥納瑪拉是推動科學管理普及化的關鍵推手，在二戰與隨後幾年的越南戰爭期間，他善用科學管理、流程優化的原理，因而取得巨大成效。稍後我們將在第六章詳細討論他的創意想法。戰爭期間，麥納瑪拉與一小支志同道合的分析師團隊成員，將科學管理原理套用在各種任務，包括安排轟炸突襲的時程與部隊和補給調動等。麥納瑪拉協助普及化「政策分析」大獲成功，進一步深化複雜性思維成為主導性的商業典範。二戰過後，麥納瑪拉與他的團隊人氣大爆棚，被譽為「哈佛十傑」，這項稱號只是強化他們的神級地位，更讓羅伯·麥納瑪拉的照片一舉登上美國重量級刊物《時代》（Time）的封面。[2]

二戰結束時，商界出於民用目的採用戰時的管理原理、工程發展的可能性看似無限。「軍工聯合體」崛起似乎是西方經濟成長的道路，軍隊特有的命令與控制心態，似乎非常適合工程與製造領域內的新科技進步。隨著越來越多產品問世，不僅品質更優良、價格更實惠，這些改變都推了消費者經濟一把。隨著嶄新型態的證券與分析做法亮相，金融圈也同樣出現進步，管理階層控制自家組織甚至經濟的能力看似永無極限。

科學管理以及它所採用的複雜性思維躍居主導地位。商業任務可以拆解為各個部分，並根據泰勒原理加以分析、優化，十分有吸引力而且明顯具備商業訴求。科學管理承諾以合乎邏輯與合理方式提供答案，而且還倡導社會相信管理階層就是「專家」。這種「複雜」心態就是一種基於商業法則的命令與控制思想。商業以一門大學研究領域之姿崛起，肯定協助加速這股趨勢。幾家大學開辦企管碩士班學程，大賺「專家型」管理階層需求的機會財。有趣的是，原始版本的企管碩士班學程專門為工程師設計，這樣他們就可以繼續埋首工程學研究，唯一不同之處是將工程學應用於商業。企業開始瘋狂追著企管碩士班畢業生跑，希望在管理、製造與行銷領域導入最佳實務。

●為什麼管理階層喜歡「複雜」

一九八七年，小說家和散文作家湯姆．沃爾夫（Tom Wolfe）出版小說《走夜路的男人》（Bonfire of the Vanities），[3]完美體現八〇年代已經根深柢固的「商業很複雜」心態。沃爾夫創造「宇宙主宰」（Master of the Universe）一詞形容這種態度。

這本小說描述鼎盛時期八〇年代金融交易員的生活。主角夏曼．麥科伊（Sherman McCoy）自稱是「宇宙主宰」。他很年輕、成功而且很有錢，都是因為他能掌控自己的命運。對他而言，生命就是凝聚權力和掌控感的腎上腺素噴發結果。不幸的是，他的私生活出大包，從此被迫走下「宇宙主宰」的神壇。麥科伊為了避開街頭小混混出於方便搶劫臨時設下的路障刻意駕車繞道而行，沒想到出了車禍。麥科伊下車查看，幾名不曉得是不是設置路障的年輕人立刻趨前，他的情婦馬上轉動汽車方向盤，手忙腳亂之中撞死一名她相信原本有意伏擊他們的年輕黑人。

這場意外通常不過是紐約市任何一天可能發生的同類事故其中之一，卻被興風作浪的媒體狂熱炒作，加上種族政治加油添醋、社區激進主義份子進一步搧風點火，另外還有擔心連任之路岌岌可危的地方檢察官，以及一名憤世嫉俗、展現小強精神的新聞記者緊咬不放，誘騙利益關係人現身說法，期望一舉重振自己的新聞事業。這則新聞引爆媒體和政治轟動，紐約人跟進回應。麥科伊一度自我感覺天下無敵，是有意識、刻意採取行動以便完全掌控自己命運的「宇宙主宰」；他此際才明白，自己只能任由遠超乎想像的失控事件擺布。他的「宇宙主宰」人物設定被證明只是海市蜃樓。

「宇宙主宰」症候群是一種管理階層心中暗自喜歡複雜系統的關鍵原因之一，因此每當遭逢新問題或新狀況，幾乎總是會預設複雜性思維。除了「宇宙主宰」症候群，管理階層預設複雜性思維還有許多不同原因，包括對錯雜性一無所知到自負的問題等。就本質而言，打從心底埋單複雜世界的想法很誘人，因為複雜事物通常定義明確。一旦我們搞懂它們，就會覺得自己好棒棒、覺得自己有必要性，而且或許更重要的是，讓我們覺得一切盡在掌控中。

就直覺來說，多數經驗豐富的管理階層都在某種程度上知道商業世界很錯雜。不過典型商界人士對錯雜性科學真義的正式理解，若非不存在就是非常膚淺。多數管理階層僅具備粗淺的物理科學或社會科學基礎，更不懂相對更新穎的錯雜性領域。考慮到「複雜」與「錯雜」經常被視為可以替換使用的同義詞，而且我們從幼稚園到大學畢業所有教育階段都被教導要使用複雜性思維（但是從來不曾說清楚），我們多數人自然而然相信複雜系統就是唯一存在的典範。

還有一道簡單事實是，儘管所有條件都相同，我們偏好井然有序遠勝過雜亂無序。我們為保持順序的相似性，即使模式根本不存在，也會傾向於感知種種模式。股市分析師聲稱能夠立足於描繪趨勢的股價圖預測股市走勢，儘管奠基於趨勢的投資術其實幾乎不曾或鮮少展現任何價值。甚至當傑出科學家愛因斯坦帶著希望說出至理名言「上帝不擲骰子」，骨子裡其實仍渴望建立秩序。

網路潮鞋零售商Zappos嘗試一種有趣的企業組織經驗，企圖減少管理架構中僵固的「指揮系統」（lines of command）。Zappos引入一種名為全體共治（holacracy）的管理架構，排除管理階層與各級主管；員工被期望自力組織靈活的工作團隊，自行找出值得花時間整治並解決的問題。雖然這種架構尚處於實施的初期階段，員工求去的人數卻已創下紀錄，因為他們相信自己無法自在地適應一個毫無架構的工作場域。進一步的研究似乎指出，員工確實偏好在架構嚴明的場域工作。[4] 員工喜歡確定感與可預測性。換句話說，我們喜歡或許甚至是渴望複雜系統。

與我們渴望秩序息息相關的事實是，錯雜問題往往亂成一團。它們都不具備複雜問題會有的美好、俐落解決方案。在複雜性思維中，解決方案越優雅，眾人就越認定完美。不妨回想本章一開始提到的精表。我們確實喜好優雅美物，我們喜歡可以在上面打個漂亮蝴蝶結的事物。遺憾的是，開放性錯雜問題鮮少可以被任何形式的結繩綑綁打包。請謹記，愛因斯坦曾說：「如果你決心講述真相，就把優雅留給裁縫。」

複雜系統具有誘人特質，它讓我們自我感覺聰明、被需要、很珍貴。複雜系統讓我們自行腦補，以為成功的過程中運氣或偶然性僅發揮有限作用，因此我們擁有的任何成功幾乎完全是自身技能和努力的結果。這一點與臨床心理學家寶琳．克蘭絲（Pauline Clance）及蘇珊．艾姆絲（Suzanne Imes）發表她們所謂的冒牌貨症候群（imposter syndrome）有關。[5] 冒牌貨症候群是高成就族群常有的經驗，他們常常覺得自己的成功是運氣或命運造就，而非技能使然。它會產生一種無價值感，並引發自尊心問題。解決冒牌貨症候群的其中一招，就是緊緊抓住「商業很複雜」這道謬論，因此你非得努力工作、發揮天賦才可以實現成功。我們若想免淪冒牌貨症候群受害者，必須擁有一種掌控自我命運的感覺，但當我們面對深植於錯雜性之中的模稜兩可與不確定性時，這一點很難做到。

我們喜歡複雜問題的原因之一是，一旦解決問題就能從中得到快感。舉例來說，試想每天報紙上的填字與數獨遊戲專欄有多受歡迎就知道了。就本質而言，這些都是讓人上癮的活動，我們用來填補搭火車的通勤時間，或是一大早硬是一邊玩一邊多喝一杯咖啡，拖延著不想處理手上的任務。我們喜歡這些遊戲的部分原因是，它們可以完成、耗時有限，意思是它們有明確的終點，你可以毫不含糊地宣稱自己已經搞定難題。它有點像是攀爬一座智力高山，你可以在破解謎題後插旗宣示；而且因為你成功破解謎題，自尊心因此大噴發。

商界的複雜問題就像報紙上的解謎遊戲。我們完成任務，點擊電郵頁面上的「送出」鍵，將專案結果傳送到目標信箱，或是等一票管理階層都確實檢視完成任務的簡報檔案後，就會油然而生一股讓人心滿意足的自尊心與成就感——終於結案了。成就感不會出現在開放性錯雜問題中。

我們喜歡模型的程度一如我們喜歡解謎遊戲。你小時候可能會擁有某種模型，好比玩具車或是娃娃。我們知道它們不是真的汽車或活生生的小寶寶，但它們看起來似乎足以真實代表現實世界，讓我們發揮想像力打造自己的幻想世界。可以說，這與我們動用複雜性思維時正在做的事非常相似。我們知道所採用的複雜業務模型假設，根本無法準確反映現實世界，但藉由模型將抽象事物具體化，讓我們得以解決問題，即使只是一道假想的問題，而且和現實的相似度很低。模型也提供簡化功能，讓我們捲起袖子，採取可以管理的方式搞定問題。模型擺脫情境的某些組成部分，讓事情變得比較簡單。通常來說，錯雜的組成要素會被視而不見，還會反過來將錯雜問題轉化成複雜問題。

或許啟動複雜性思維最重要的誘因，就是零掌控感的恐懼，以及它影響我們的自尊心與自我價值感。正如我們稍後將討論的內容，任何人管理錯雜議題所得到的掌控感其實都很有限。錯雜性的屬性包括乍現等，是以一種散亂無序的方式發展。我們的自尊心受不了這一點，而且還得承擔冒牌貨症候群的風險。有意識或無意識地假設商業世界很複雜，讓我們可以避開造成困難的自我意識和自信方面的議題。

最後，我們必須細想，我們對複雜性思維的偏見究竟是根深柢固，或者它只是我們受教成果的產物。在本書的〈序〉中，我試舉名列前茅的學生為例簡要說明，她聽到自己被指定的當週研究個案竟然沒有「答案」，便因為滿心挫折昏了過去。許多學生視教育為學習答案的練習過程，她就是典型代表。可以說，很不幸地，現在大學商學院課程越來越少被視為辯論或探索思想的場域，反而越來越被當作傳播明確答案的中心。辯論是一種採用蘇格拉底式個案研究方式管理的作為，因此引導性的提問與討論，才能爬梳出客觀事實或「答案」。學生日益察覺，再也不存在兩種或兩種以上平等立場的辯論，總是只有一面占上風，就和基於規則與自然法則的複雜世界一樣。

英國教育顧問肯．羅賓森爵士（Kenneth Robinson）在TED的演說〈學校扼殺了創意嗎？〉（Do Schools Kill Creativity?）大受歡迎，點閱率突破四千萬人次。他宣稱，我們所知的教學體系是圍繞「工業主義」打造。[6]就本質而言，他主張，工業時代初期工廠有如雨後春筍般大量湧現，有必要提供工人與員工強調死記硬背與注重識字和數學的課程。在當時，兒童必須受教育，這樣他們進入工廠以後才能更有生產力。他直白指出：「教育為工作所用。」他接著主張，在當今世界，我們不知道未來會走向何方，因此我們一味無視教育領域的創造力，可謂嚴重誤導人們。一味無視藝術的重要性，正創造出一套「教育抹煞我們的創造力」的制度。

羅賓森不是在錯雜性的脈絡下建構自己的論點，但他的重點與本章的論點非常一致，亦即商業世界正在一個議題變得越來越錯雜的環境中培育複雜思想家。這種趨勢在議題與解決議題的能力之間造成根本性的錯配。我們將在第四章討論錯雜世界中必要的管理之道，這些特徵與特質將變得很明顯。展望第四章，諸多最核心、有必要的特質中，有一項是指從管理而非解決問題出發的心態，這意味著管理出於當下自發而為，而非倚靠一套預先制定的計畫。持續、不間斷的調整，必須採用一種「先試、後學，再適應」的工作方法，實驗、創造力及接納失敗和錯誤的寬容度有其必要，知識、服從和順從則不然。

教育制度直接與強調自發性、靈活性的特質形成對比，獎勵那些可以客觀回答測試問題的學生。在測試方法論引導下，這些測試問題的本質必然相當複雜，尤其是複選題已經蔚為萬中選一的測試做法。複選題聚焦複雜心態的思考力，這類測試其實是在懲罰而非獎勵具有錯雜性思維的學生。學生在很早期的求學階段就已經學到複雜性思維，因此發展出這套思考技能。創造力豐富的動腦人和錯雜性思維動腦人獲得的評分比較低、被污名化，而且排名通常也比較低。近二十年來，許多領先公司的企業家都沒有念完大學，很可能不是偶然事件；清單上的名字涵蓋賈伯斯、微軟（Microsoft）創辦人比爾．蓋茲（Bill Gates）與臉書創辦人馬克．祖克伯（Mark Zuckerberg），他們只是三個鮮明的例子。

可以說，為複雜世界而教的趨勢正盛行。雖然對商界中多數職缺來說，職務所需的必要技能與員工在校學到的技能兩者之間充其量僅有鬆散聯繫，但教育的含金量就是比經驗來得高。市面上出現各種專業認證計畫、培訓機構，就是為了縮減業務需求與教育成果之間的差距。不過，這些做法幾乎也都是立足於複雜性思維，連同強制性考試也經常採用複選題。強調證照的做法只會強化複雜性思維心態。

●這樣是有什麼關係嗎？

複雜性思維的種種缺陷真的有什麼關係嗎？這難道不只是學術問題而已嗎？對商界管理階層來說，答案是，真的很有關係，最肯定的就是具有實務的重要性！對組織來說，競爭優勢的關鍵在於管理錯雜情況的能耐；同理，對追求進步的管理階層來說，在職涯中充分發揮自身能力的關鍵，也就是成功管理錯雜性的能耐。誠然，技術能力與完成複雜任務的能耐，幾乎最可能是學生畢業後謀得第一份差事的特質，不過唯有超越複雜技能、發展出錯雜技能的管理階層，才能百尺竿頭、終獲成功。

複雜性思維自有一定地位與角色，在商界肯定有需接受適當培訓才能完成的必要性任務。舉例來說，我在第一章引述製作企業內部財務報表當作複雜任務的例子，它們一般來說必須交由考取證照的合格會計師執行。同理，許多製造機器與任務本質上相當複雜，必須交由能力足以匹配的複雜性思維動腦人管理。工程師設計產品時必得知道，物理與電子定律將會如何影響手上正在設計的產品效能。確保產品合乎規定是另一項必然工作，需要透徹、縝密的複雜性思維。

去思索一些商界以外的職務，也會帶來一些建設性。舉例來說，想想醫師與律師的角色。這些職業一般被視為本質很複雜，也都需要專業人才考取相關機構的認證資格，前者是醫療委員會、後者是律師執業資格考試。在已開發國家中，難得在這些專門行業中找到不具備最低要求標準的開業醫師或律師。不過即使是這些專門行業，也都需要具備處理錯雜性的高超能力。

就醫師來說，現實是人類身體本身就錯雜無比。我們會慢慢變老，身體也隨之演化。各處器官之間的連結形成反饋循環，讓許多疾病的診斷本質變得錯雜。尤有甚者，醫學檢查結果鮮少一翻兩瞪眼，結果仍需醫師解釋和判斷。除了最簡單的小病之外，醫師對付其餘所有病症的任務就是試圖根據知識、經驗和判斷採取行動，然後再視病患的身體反應加以調整。正如我們將在第四章解釋，這是一種典型的錯雜性管理手段。

律師面臨的狀況相差無幾。許多法律任務可能相當直截了當、千篇一律，但它們正日益交由律師助手和自動化電腦搜尋接手，處理這些任務的律師現在幾乎只是在把關品質。比較棘手的案件需要律師在訴諸法律手段時發揮創造力，訴訟期間需要律師判讀法官或陪審團的心情好壞，並根據他們置身法庭當下的氛圍調整論點。頂尖律師在解釋法條的創造力、辯護法理的技巧，至少和他們的法律專業知識一樣具有天價分量。事實上，幾乎所有資深律師背後都有一大票法律實習生，承辦研究法律先例和法規的大部分工作。真正的巨星級律師，都是開發新穎解決方案以便搞定手上案件的代表。[7]

因此可以說，醫師和律師的角色雖然公認很複雜，但實際上涉及發揮錯雜性思維以便提高自身價值。對商業精英來說，具備處理複雜與錯雜任務的能耐是理想目標。

最重要的是，在錯雜情況下，複雜性思維典範與複雜性思維技巧就是不管用。本書提及的範例都會一再採取個案方式闡明，一旦複雜性思維錯誤應用在錯雜性情況，終將悲慘地一敗塗地。通常來說，要是情況屬於錯雜類型，個人越努力發揮複雜性思維，越火力全開解決問題，最終結果就越慘不忍睹。正如第四章將闡述戰勝錯雜性之道，處理錯雜性的工具與策略與正常的複雜策略相當不同，或許甚至是截然相反。

複雜性思維的局限性可能很高。單單只靠複雜性思維，加速個人職涯發展的典範轉移不會發生。你若是凡事遵循公式或預定計畫，就無緣獲得學習、洞見或創造力，而且最肯定的就是別想創造典範轉移。

在此總結，複雜性思維僅在複雜狀況下行得通。問題是，管理階層或組織必須處理的許多最具附加價值任務，都屬於錯雜類型——一點也不複雜！

第4章 錯雜性的精妙之美

一九八五年，軟性飲料大廠可口可樂（Coca-Cola）的管理階層做出眾人連想都不敢想的決定：改變最具代表性的配方，進而改變口味。對可口可樂這類大型國際消費品企業而言，推出新產品並非新鮮事，但是改變象徵性的配方，從當時慣稱的「經典可樂」（Coke Classic）變成「新可樂」（New Coke），卻是劃時代之舉。雖然推出新可樂堪稱所有推出新產品範例中最值得分析研究的對象，但採取「複雜與錯雜」的角度重新檢視也很有趣。

這道變化的根本原因是，可口可樂正一點一滴、穩定地將市場占有率拱手讓給勁敵百事（Pepsi），因為當時的消費者覺得百事喝起來比較順口也比較甜。一九七五年，百事砸下重金啟動「百事大挑戰」（Pepsi Challenge）行銷活動，找來可樂鐵粉盲測兩家的飲料，結果顯示絕大多數受試者偏愛百事的口感。這場行銷活動是百事的行銷大戲，因為百事一九九三年問世以來就一直遙遙落後市場一哥可口可樂。

雖然以可樂的銷售總量來說，可口可樂確實領先群雄，但很大一部分原因是它寡占大容量可樂桶與自動販賣機市場。尤其是可口可樂的銷售優勢顯著倚重它與連鎖速食龍頭麥當勞（McDonald's）簽訂的供貨合約。若從零售門市銷售的可樂總量來看，百事其實才是領先企業，加上「百事大挑戰」的盲測結果，自然惹得可口可樂核心高層憂心忡忡。眼看著百事突襲可口可樂成功，進而緩慢但穩定地推升市場占有率，總得做點什麼事才行。

可口可樂研發一段時間後，自認為終於想出解方。管理階層依據廣泛分析與自己的消費者盲測結果，相信只要找出可樂新配方，終將在這場可樂大戰中奪回消費者。這是一場高風險行動，內部核心高層激辯不休，甚至光是他們可能改變一八九二年以來幾乎未曾調整的配方這道想法也都是嚴密守護的秘密。畢竟，這道配方素以鎖在銀行保險箱裡，據說任何時候都僅有三位核心高層可以開箱的傳說舉世皆知。與這道決策相關的每一位主管，都必須對改變配方的終極想法完全噤聲，畢竟光是可口可樂考慮修改配方的謠言，就可能讓百事掀起一場行銷突擊戰。

試想一下，你是躋身核心高層的經理人，負責為一九八〇年代可口可樂開發新可樂。倘使你是管理團隊成員，很可能在其他品牌介紹與產品線擴充方面練就豐富經驗，畢竟可口可樂一直以來推出過諸如減肥汽水 Tab、雪碧（Sprit）與柑橘味無糖飲料 Fresca 等許多成功新產品，並延伸可口可樂本身的產品線，推出副品牌健怡可樂（Diet Coke）與櫻桃可樂（Cherry Coke）等。推出新產品的程序與最佳實務已是眾所周知、完善規劃的舉措，諸如消費者研究、特選市場進行測試與市場分析等技術也已是標準流程。雖說上述做法可能離完美尚有一段距離，但是對可口可樂這種等級的全球製造商而言，推出新產品姑且算是一門相對完善的科學。

儘管新可樂仰仗可口可樂的企業經驗，隆重推出精心策劃的大型行銷活動，卻是沒多久就成為一場行銷災難。雖然在許多口感測試期間，消費者偏好新可樂勝過原味可樂，而且許多股市分析師看待可口可樂的前景也信心滿滿，但大眾不滿的聲量日益高漲，迫使可口可樂終究走回老路，重新推出採取原味可口可樂配方生產的「經典可樂」。甚至到最後，可口可樂終究決定完全放棄新可樂的配方及名稱。分析結果的深度與消費者測試的結果，都未能彌補消費者對具有代表性的可口可樂品牌產生的情感依附。

任何時候一家企業啟動全新嘗試，或是遭逢類似推出新可樂這種全新的情境或議題，理解情況基本面實為必要之舉。雖說行銷是一門研究和實踐已蔚為成熟的領域，請謹記，再怎麼說它都不是化學或物理這種精確的硬科學。這一點很重要。尤有甚者，當某項產品的用戶已經生出情感依附，傳統行銷分析結果可能極不可靠。在這類情況下你得領悟，複雜性思維不太可能帶來成功，錯雜性可能才是可能更合適的操作典範。這一點也很重要。雖說行銷學個案研究領域中，新可樂失敗已是課堂上的熟面孔，但可以說，新可樂一敗塗地的原因並非出於複雜，而是屬於錯雜類型。各種錯雜性要素如何導致新可樂失敗，將是本章討論的重點。

簡單、複雜與錯雜之間的區別已在第一章概述，複雜性思維與錯雜性思維之間的基本區別也已闡明，同時我們更提出基本論據，何以錯雜問題基本上與複雜問題截然不同，因此有必要採取涇渭分明的手法管理、分析兩者。在本章，重點將聚焦錯雜性的特徵以及創造錯雜性的各種要素。

錯雜性崛起於一組諸如消費者或員工這樣的媒介，他們受制於趨勢、時尚、他人看法與環境因素等一大票已知與未知的要素影響，並且具備互動、改變或適應自身行為與決定的能力。在這些基本要素中，有一道重要、令人著迷的錯雜性特徵日漸發展，亦即眾所周知的乍現。本章將一一詳述錯雜性的諸多特徵與乍現的特性。一旦你理解錯雜性，就能明白對可口可樂公司來說，乍現從錯雜性中冉冉升起，就是最終引領新可樂邁向失敗之境的肇因。無論如何，我們就先試圖從定義錯雜性開始。

定義錯雜性

定義錯雜性就像定義傑出的藝術品。我們都知道傑出的藝術品存在，卻無法給出一道放諸各項傑作皆適用的定義。這不意味著我們可以或應該無視傑出藝術品存在。同理，即使錯雜性的精準定義付之闕如，也不意味著它不存在，或是應該被視為無用之物。

在學術圈，有許多不同說法定義錯雜性，但都對定義缺乏明確共識。因此，彼此有別的定義手法就變得比較像是一種分類學或分類系統，錯雜性順勢而生、嶄露頭角。

或許定義錯雜性最簡易的方式就是刪去法。也就是說，最肯定不屬於前面幾章所定義的「複雜性」的論據，就可以算是錯雜性。這種定義錯雜性的方式可能被視為懶人逃避動腦的招數，不過你稍微想想當今多數商界管理階層的複雜心態，就會知道這招懶人逃避伎倆實際上是非常有用、務實的定義法。當複雜性思維這類典範占據主導地位，突顯不符合這道典範的任何事物都可能有所幫助。

且讓我們回顧第一章的分類圖，我重現在圖四・一。這張圖相對直白地將一種情況或問題分類為簡單或複雜；至於何謂錯雜，比較是由刪去法而非一組固定特徵所定義。這張圖說明，精準描述哪些組成要素讓一套系統變得錯雜其實相當費力。

對管理階層而言，明瞭錯雜性缺乏明確定義，應該不至於造成實務難題。雖然這樣說是有點自相矛盾，但確實稍有幫助。相信定義、分類某一道問題或情況有其價值，這是一種複雜思考的方式。複雜性思維是萬事萬物皆適得其所的理性做法，但錯雜性就本質而言就是在違抗分門別類，因此也抗拒清楚、明確的定義，這點不足為奇。

有一道問題順著缺乏明確定義而生，亦即沒有全面或標準做法可以衡量錯雜性程度。各方紛紛提議許多衡量錯雜性的不同做法，但往往只適用於特定情境，無法公式化一體適用全部情況。還有，各種做法取決於描述系統的數據類型而異。舉例來說，無論系統是由股市的價格波動這類量性數據，或是一小群消費者情感起伏這類質性數據組成，都會影響我們可能用來衡量錯雜性的做法類型。

◎圖四・一：用以分類系統類型的決策架構

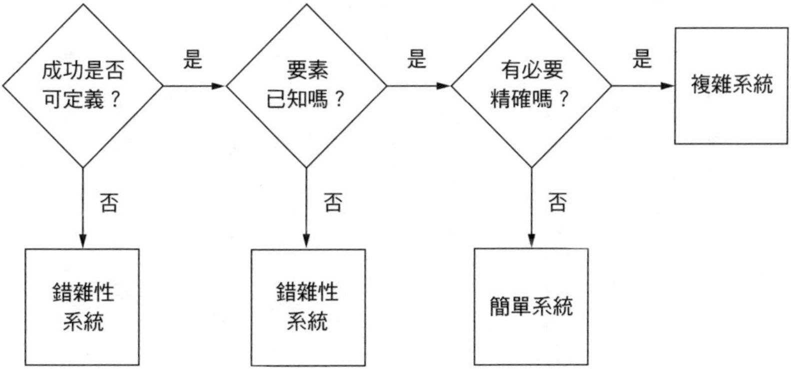

尤有甚者，錯雜性這種商界的實踐要務不適合被定義或衡量。在商業環境中，缺乏一套標準的錯雜性衡量法可說是個大問題，因為在複雜典範中，管理大師彼得·杜拉克所說「可以衡量的事就可以管理」這句格言經常一語中的。錯雜性變化多端，無法被明確衡量，這項事實可能是商界相對忽視錯雜性概念的原因之一，也是商業學者與顧問視而不見錯雜性的主要原因。

就推出新可樂的個案而言，我們可以採用一套架構決定情況是簡單、複雜還是錯雜。第一步是定義成功。但是不同的觀察者對新可樂的成功定義不一。有人覺得新可樂遏止可口可樂的市占率繼續下滑；但是也有人覺得，成功與否應衡量一段既定時期內市占率的任意總量才準確。新可樂問世之際，可口可樂營收顯著增加，推動股價上漲，但這項新產品仍被視為經典的行銷敗筆。顯然對新可樂來說，「成功」是公說公有理、婆說婆有理，不是客觀定義的結果。打從一開始我們就已經知道，推出新可樂可能是一種錯雜情況。

衡量錯雜性的第二步是要確定，推動成功的要素是否已知。僅再次重申，答案並非一翻兩瞪眼，也就是說情況很錯雜。乍看之下，我們可能會認為，新可樂的口感將會是成功的關鍵要素。確實，可口可樂市場研究員廣泛測試，結果顯示嗜飲可樂族顯然偏好新可樂勝於經典可樂配方，也凌駕百事。儘管結果顯示新可樂是一記大敗筆，我們仍不禁生出一道疑問：「究竟什麼才是實現成功的要素？」顯然口味不是銷售成功的關鍵要素。我們可能也會合理相信，行銷活動的規模很重要，但是可口可樂也有在這場堪稱自家企業史上最龐大的行銷活動投入驚人資源，最終卻激不起一絲漣漪。一般相信成功所賴的傳統因素，幾乎毫無作用。因此我們可以說，以我們的第二個判斷標準來看，推出新可樂是錯雜的。

第三步則是要決定，就行銷成功而言，精準度是否有必要。雖說製造可口可樂是複雜流程，顯然需要精準度，但很難說得準在新產品行銷的背景下該如何拿捏精確度。推出新產品並不像製造產品一般，必須依據標準配方精確混入各種成分，其實沒有萬無一失的配方或方程式。雖說公司毫無疑問會粗估預算、再三檢視新聞稿的遣詞用字，行銷素材也都基於廣泛測試的結果，但就是沒有方程式或一組唾手可得的客觀規則可用以確保成功。

因此，我們檢視選擇圖後可以看見，推出新可樂是一道錯雜問題。它不是一道資深管理階層可以委派實習生完成的簡單流程，儘管他們也許有能力接手完成簡單專案；它也不是複雜問題，亦即專家只要遵循一模一樣的程序，就可以確保每一次都產出同樣結果。推出新可樂是錯雜的工程，對可口可樂來說，這一點讓一切都不一樣。

錯雜性的組成元素

儘管沒有決定性的方式可以將一套系統歸類為錯雜系統，錯雜性的基本組成元素依舊明確易懂。單就最基本的層面而言，錯雜性發生必然具備以下三大組成元素：（一）幾項要素或媒介，舉例來說，某項產品的消費者、股市投資客、企業內部員工或產業的全體企業玩家；（二）以某種方式連結媒介或要素的能力，好比透過社群媒體、依據股價、茶水間的閒聊或市場占有率數據採取行動；（三）媒介適應或做選擇的能力，像是消費者選擇更換其他品牌或供應商、投資客賣出某一支股票改買另一支股票、員工選擇留在老東家或是另謀新職，或者企業改變它們的廣告與行銷策略。正如圖四．二所示，當這三項元素都同時存在，情況很可能就變得錯雜。

幾乎每一種打底的錯雜性組成元素，都存在於每一種別具意義的業務情況中。尤有甚者，這些組成元素都十分常見。形成錯雜系統其實沒有什麼特例。在大多數情況下，人們或企業都可以互動並做出選擇，錯雜性於是發生，問題在於錯雜性行為相對於簡單或複雜元素的重要性影響有多大。

我們來對比一下錯雜性發生的必要元素與複雜系統所需的元素。對複雜系統來說，必須有一組絕對的法則或規則。雖說企業與消費者都必須遵守人為制定的政府法律與法規，它們的結構與形式卻和管理複雜系統的自然法則或規則截然不同。尤有甚者，自然法則顛撲不破，但是人為制定的法律與法規幾乎都注定要被破壞，或至少是立足持續進行的基礎上不斷延伸。除此之外，人為制定的法律與法規帶有些許任意獨斷的色彩，有可能與時俱變，管轄權也不斷換手，並非不變的常數。

同理，我們可以說，在一套複雜系統中提供一組既定的輸入條件，就可以產出足以客觀、一致並準確量化結果的方程式。可以說，可口可樂核心高層在改變配方的分析過程中，基於新可樂配方如何打進市場的最佳行銷實務前提下，進行了非常完善、廣泛的分析。可是一旦將它套用在測試消費者的主觀反應時，卻被證明完全誤入歧途。在複雜

◎圖四·二：錯雜性的組成元素

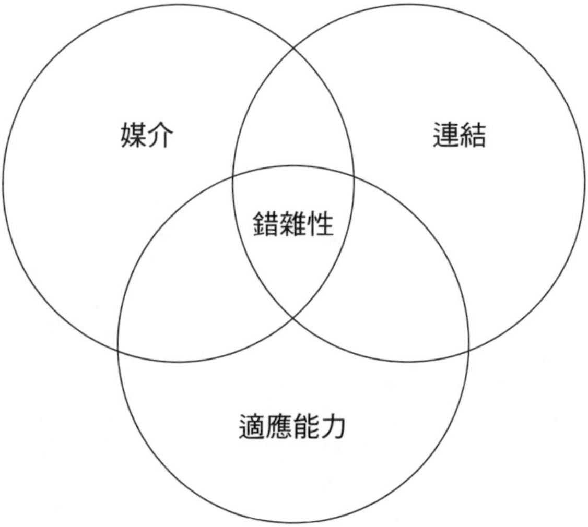

系統中，適應或改變的能力人間蒸發了。物理法則是恆常不變。掌理財務報表這類事務的法規屬於靜態，鮮少更動；在錯雜系統中，適應或改變的能力卻是核心特徵。當然，人們具備強大的適應與改變能力。

當我們思考商業環境中的錯雜性，有必要考慮眾人的角色。管理企業的首要之務就是管理眾人，指的是管理員工、供應商、直球對決的其他競爭對手、消費者善變的偏好、投資人與大眾觀感。而管理一家企業，也包括經營階層在管理其他管理性事務的挑戰之際，如何同步管好自己。

無論是個體或群體，身為員工或消費者的眾人都是出了名的任性難管，無法依據整套一成不變的方程式做成各種決定。請回想前一章提到康納曼與特沃斯基的實驗，以及艾許同樣獲得許多其他實驗心理學家、社會學家研究支持的實驗，雙雙證明這一點。驅使眾人與他們制定決策的要素無法量化，或許更重要的是，它們還會持續變化並依據境況形塑而成。商界管理階層鮮少能掌握一份完整的成功必需要素清單。其次，無論眾人是員工、管理階層或消費者，都有能力與他人連結、互動。在我們的社群媒體世界格外如此。人們具備適應、改變心意、做出新決定並產生新連結以及回應各種影響的能力。人們採用錯雜方式適應並演化，因此，所有錯雜性元素都在人們置身商業情況中如何行為處事之際清晰可見。

管理階層在考慮問題時，無論是否置身商業環境，錯雜性的必要元素幾乎永遠存在；尤有甚者，錯雜性元素支配人們互動的方式。雖說我們可能會覺得人們的行為若非理性就是隨性，實際上人們的行動與決定都很錯雜。

由於錯雜性所需元素是如此自然、無所不在，加上至少就管理眾人與企業的脈絡而言，複雜性系統發生所需元素卻又如此不自然、稀有罕見（至少在管理眾人與企業的前提下是如此），照理錯雜性應該成為管理階層採用的預設思考模式。但是正如我在前一章所說，當前的實際預設模式是複雜思想家。這是現代商業實務的悖論之一。錯雜性並非什麼奇怪、不尋常的玩意兒，而是常態；複雜議題才是罕見、例外事件。這正是可口可樂管理階層推出新可樂時視而不見的事實。

我們若想更深入理解錯雜性如何崛起，進一步詳細個別檢視每一道元素將大有裨益。

● 媒介集合體

錯雜性始於一連串媒介或要素的集合體。這些媒介有可能是員工、顧客、利益關係人、相同或甚至不同產業的其他公司、政治因素、地理因素、天氣、經濟週期、人口統計、宗教組織或一系列其他因素。尤有甚者，這些媒介或要素必須具備某種程度的獨立性與某種程度的選擇或適應能力。這種獨立性或適應能力的強度可能很低甚至微弱，但要是少了獨立性或適應能力，那麼整套系統就會變成複雜而非錯雜類型。

在幾乎所有商業情境下，都看得見存在符合上述的必要程度獨立性。唯有在必須像奴隸一般受脅迫賣力工作的最嚴峻情境下，媒介在商業情境中才會發展出如此低度的獨立性，以至於錯雜性不容存在。

媒介具備獨立性的事實，意味著他們可以做決定，無論他們選擇做或不做。這些個別決定有可能高度理性，也可能看起來高度不理性；它們有可能看似深思熟慮的結果或是隨機發生。無論是否有意識，它們可能微妙難以捉摸或根本大喇喇攤在眼前。在所有情況下，媒介一般來說會認為自己正做出理性決定，雖然可能只有他們自己認定是理性，看在他人眼裡卻不然。在特定情況下，人人認定的理性概念都不相同，或許這件事實就是引起諸如乍現這類錯雜性效應的最基本要素

由不同成分形成的理性，加上意見與想法具備的多元性，正是商業管理如此艱難的原因，也是電腦不可能經營企業的原因。它們的存在意味著，正如第一章所說，最有才華的商界管理階層總是可以通過概念性的圖靈測試，而且商業無法精確或有意義地歸結成一系列定律或方程

式，也因此商業不複雜但很錯雜。

且讓我們重溫推出新可樂這道個案。在這種情況下，我們看到許多媒介，對於改變可口可樂的配方全部都帶有不同的動機與不同程度的成功或失敗承諾。一開始，先是可口可樂管理團隊，他們遇到業務難題，主要是可口可樂的市占率相對百事一路下滑。可口可樂是第一票貨真價實的全球消費產品品牌之一，管理階層在這段輝煌企業史的背景下絞盡腦汁想解方。二戰期間，可口可樂被運到全世界的美國阿兵哥手中，他們都十分珍惜「來自老家」的產品。結果是，可口可樂在世界各國建造工廠，擔綱全球生活方式「美國化」的重責大任。可口可樂品牌如果不曾在全球締造成功，很可能諸如麥當勞（McDonald's）等其他美國消費者品牌就很難迅速如影隨形地在全球拓展據點。超有代表性的可口可樂瓶身是美國識別度最高的象徵標誌，傳達許多可口可樂身為全球行銷素材的關鍵情感。一九七〇年代，可口可樂勢如破竹的廣告標語是「我想買可口可樂給全世界」（I'd Like to Buy the World a Coke），它建立並鞏固可口可樂的全球性地位，也激勵消費者對它的產品產生前所未有的情感依附。

當時的可口可樂就像現在一樣早已超越產品等級，至今仍是全世界最重量級的品牌之一，儘管盲測期間包括可口可樂鐵粉在內的多數受試者都偏好百事勝於可口可樂也無傷分毫。客觀現實中，盲測結果所得到的口感偏好，與眾人認知可口可樂的象徵性產品地位毫不匹配。

當然，在這道個案中百事算是另一個非常感興趣、高參與度的媒介。推出新可樂配方的秘密守得滴水不漏，讓包括百事管理階層在內的所有人都大呼意外。但是百事很快就領悟這道變化的重要性，抓住機會大炒特炒一番。就百事管理階層的角度來看，可口可樂基本上已經宣告失敗，因此百事時任執行長殷瑞傑（Roger Enrico）在幾家重量級報紙刊登整版廣告大肆慶祝，宣布所有百事員工放假一天。

可口可樂的消費者和分銷商也一整個措手不及。儘管可口可樂鐵粉還不知道新可樂配方喝起來口感如何，不由分說就開始囤貨舊款可樂。很快地，零售門市的舊可口可樂配方庫存銷售一空。隨著謠言四起，說零售門市已經買不到舊可口可樂，反饋循環因此啟動。故事越傳越廣，消費者變得日益焦慮，深怕庫存賣光之前來不及囤積足夠貨源。很快地，舊可口可樂的供貨馬上備受爭搶。媒體報導在推動反對新可樂崛起的運動中扮演關鍵的催化劑角色，它們是故事中不同媒介之間虛擬連結的一種方式。

有一個特別媒介在這則故事中扮演特殊角色。他名叫蓋伊．穆林斯（Gay Mullins），是一名狂熱的可口可樂鐵粉。穆林斯先生本人真的很平凡無奇，既非名人也非達官顯要；事實上，從任何方面來說，穆林斯先生都只是平凡的退休老先生，他只是被可口可樂改變配方的決定氣炸了——儘管有謠言說，他接受新可樂與舊可樂盲測時，也和其他多數受試者一樣偏好新可樂的口感。穆林斯先生和幾名可口可樂鐵粉組成遊說團體「美國舊可口可樂鐵粉」（Old Coke Drinkers of America），這張網絡滿足錯雜性乍現的第二項要求。

●連結

錯雜性若想演化生成，就必須先有各種媒介相互連結。對螞蟻來說，連結之道就是循著牠們尋找食物的所到之處，都會留下費洛蒙的蹤跡前進。對許多消費者而言，連結之道就是媒體與廣告，它們具備傳播訊息既遠又廣的潛力。當然，時至今日，連結之道就是透過社群媒體，簡單的訊息可以有如病毒般迅猛對外傳散。推特（Twitter）、YouTube、領英（LinkedIn）、臉書與其他社群媒體網站，都是廣泛連結零散媒介的完美孵化器。

社群媒體網站允許媒介創造、自成網絡。這些各自生成的不同網絡又會進一步形成，然後再演化。多數網絡與它們連結的訊息即閃即逝，不會傳散太廣泛；其他則可能多半處於休眠狀態，直到引爆一種全球性現象。這類病毒式網絡有些具備強大的持久力，其他要素當然也有助訊息傳散既廣又快。

錯雜性連結可以有許多不同類型，可能隨著自我演化改變本質。媒介之間的連結或鏈接可能很強或很弱。強連結的例子可能就是你的好友之一，弱連結則可能是作者或某人轉寄給你的部落格貼文。另一種連結的分類方式，可能是依據每一道鏈串所連結的數量。舉例來說，有些人擁有更多推特追隨者、更多臉友，或是在領英上結交更多專業人脈。在許多但並非全部的情況下，某人擁有越多連結，他們影響錯雜性情況的能力就越強，但是不必然一定如此就是。

從錯雜性的角度看，連結之所以重要在於它的本質與脈絡。舉例來說，弱連結經常是傳播訊息最強大的連結類型，這一點其實有些自相矛盾。這是社會學者馬克·葛蘭諾維特（Mark Granovetter）研究求職者行為、社會流動性以及各種其他社會影響時的重大發現。[1] 乍看之下這道聲明不合乎直覺。我們通常以為，和某人建立起強連結的關係很重要，這樣他們才有可能協助我們傳播訊息。企業花費大把時間透過廣告、社群媒體與消費者獎勵方案，全力試圖與他們的客戶建立強連結。作家兼行銷大師賽斯·高汀（Seth Godin）稱此一舉措為打造鐵粉部落。

問題是，你越與某人緊密連結，對方就越可能知道你已經知道的資訊，或是已經想好你會怎麼做，或是做出和你相似的決定，或是對同一道主旨抱持同樣看法。在一支內部強烈連結的團體中，成員們往往採取集體思維的行為處事之道，這種結果很少帶來行為改變或乍現。與你已經建立強連結的人打造一張網絡，往往像是「對唱詩班傳道」，無異白做工。你不可能以一種會影響大局的有意義方式改變他們的意見或行動。

通常，最完美的連結反倒是正常強連結之外的群組；通常，你具備或有能力形成的弱連結，就是這類會幫你把點子或想法對外傳散得更遠、更快的類型。特別是新開發的弱連結會把點子傳給另一支全新的群體，可能不是那些已經聽過這些特定點子或議題的對象。這就像是在飛機上偶然接觸陌生人，進而觸發某種疾病蔚為全球性大流行病一樣。意料之外的弱連結，往往刺激關鍵轉折點並引爆乍現。

就推出新可樂的個案而言，蓋伊．穆林斯其實只是一名素人，不是名人或商界大亨；他只是採取行動、發出通知，並在遊說可口可樂找回經典可樂的過程中緊迫盯人，然後讓事件自動發酵，最終甚至可能遠超過自己想像。雖然一九八五年時他還無法活用臉書或推特這類現代社群媒體工具的好處，甚至連電郵都還沒問世，但他確實發想出吸引一大票追隨者的點子。他也透過日益吸睛的媒體報導創建弱連結。無論理性與否，全世界有許多人發現自己對可口可樂也有一種情感依附，穆林斯先充分善用這道情感依附，與廣泛分散的個人建立起廣泛連結。若非如此，他根本沒有任何人脈或既有連結。弱連結就是每個人與經典可樂口感的連結。催化劑就是媒體快手快腳選材報導並且搞成大新聞。

●適應、選擇和反饋循環

錯雜性有另一道元素提供乍現形成的催化劑，亦即在錯雜系統中適應、做選擇的能力。就新可樂的個案而言，消費者擁有眾多選擇，也可以順勢調整；可口可樂的管理階層擁有許多選擇，隨著推出新產品的過程一再演化而數次調整；當然，企業的競爭對手也有能力做選擇並適應新配方。這一系列選擇與每一種媒介適應情境的方式，導致乍現自主開展。

一旦適應或選擇的能力與連結及網絡演化結合為一體，反饋循環就此開展，乍現就此萌生。蓋伊．穆林斯做出選擇，想要做點什麼事抵制新可樂上市；他開始寫信陳情，隨後被眼尖媒體看到，很快地其他人也跟進開始寫信陳情。除此之外，可口可樂消費者開始囤積舊款可樂。這些簡單的行動引發媒體輪番報導刊登；當然，百事為了慶祝新可樂上市，決定砸錢包下一系列報紙的整版廣告，連出人意料地放員工一天假也躍上新聞版面。

一旦人們可以做出選擇並自我調適，而且一旦他們採用某種方式連結，反饋循環經常就會形成。反饋循環運作就像是順著適應性變化與乍現而生的燃料或催化劑，每一則關於消費者回應新可樂宣布事項的新聞報導，都會引起其他消費者開始採取另一種方式思考自己與可口可樂之間的關係。再次強調，請謹記重要的一點，消費者口感測試清楚表明，消費者偏好新可樂的口感。但是這項事實未能阻止蓋伊．穆林斯與其他一開始便囤積舊可口可樂的挑剔消費者，採取行動並創造強大氣勢。

之前討論的蝴蝶效應就是一道例子，彰顯微小改變也可以借力反饋循環創造出深遠影響。當人們相互連結並擁有適應與改變的能力時，就有反饋循環存在，它便是這些預期或意料中的結果出現驚人變化的原因。另一道有意思的重點也請留意，人們做成的選擇不總是意識清明或甚至理性的選擇。新可樂這道個案顯然表明，人們偏好新口感，但是由於蝴蝶效應與反饋循環發生作用，相對少數眾人的行動演變成一場重要運動。

即使少數媒介的行為是隨機、不合理，甚至只能說是次優，反饋循環的可能性仍意味著結果可能發生大規模改變。在這類情境下，有時候看起來像是隨機性已經掌控全局。這一切完全取決於反饋循環的本質。有些反饋循環趨向穩定，因為它們往往將事況帶向正常；其他反饋循環則趨向不穩定，因為微小改變可能導致完全的隨機性。

若欲說明一道穩定的反饋循環範例，請試想一顆置於玻璃碗中的彈珠。如果你將彈珠往上挪到玻璃碗邊緣然後放開，它會繞著碗的內緣打轉，但最終會再次滑落至碗底。然而，如果你將整個碗翻過來倒扣，並將彈珠放在反過來朝天的碗底，它會靜置在玻璃碗的平坦底座上；一旦彈珠位置出現任何重大變化都意味著，它會從平坦底座滾下來，沿著碗的外緣滑落，直直落在地上。

蓋伊・穆林斯與其他一些人開始反對新可樂配方時，他們啟動一套受到媒體關注的反饋循環。原本只是某人看不順眼的事件，漸漸演變成引來一批意料之外熱血群眾的肇因。同儕壓力最終改變許多其他人。請再次回想艾許的實驗，它們如何彰顯同儕壓力對人們做決策的重要性。

最後，可口可樂屈從了，以經典可樂之名重新推出原味可口可樂配方。經典可樂與新可樂並行銷售一段時間，但最終市況是新可樂悄悄下架，經典可樂又單純變回可口可樂。

乍現

錯雜性的主要後果或結果，是一種稱為乍現的現象。字典定義乍現是「一套無法根據先前條件預測或解釋的系統」。[2]它是一種持續演化的狀況，整體效益大於所有部分加總；具有明顯模式，但沒有方式預測模式將如何繼續演化。乍現既是錯雜系統的謎團，最終也是商界管理階層必須關注錯雜性的原因。

乍現是一種介於井然有序與混亂失序的狀態，錯雜性研究者兼作家史考特・佩吉便稱錯雜性是「有趣中介」。[3]它最肯定的一點是不具備複雜系統的完整可預測性，但也不是像混亂一般完全無形。乍現有一套可識別的架構，一般來說也有模式，但沒有可預測性。正如先前所述，一道關於乍現的絕佳例子，就是一大群椋鳥飛過天際的路徑。鳥兒成群採取某種明顯模式或協調方式飛行，但是這種經過協調的群體飛行，看起來正以隨機的方式不斷改變。

乍現的眾多謎團之一，就是它經常看起來像是無人領導。它不像可口可樂，尚有蓋伊．穆林斯與其他美國舊可口可樂控等幾位領導人，領導並組織一場反對新可樂的運動；一般來說，在錯雜情況下沒有明顯領導人。事實上，誰也無法明確斷言，穆林斯的行動是否產生任何效果，很可能大多數敲碗討回經典可樂的消費者從來沒聽過這號人物；也有可能就算穆林斯在這場運動中擔綱未曾擔綱要角，新可樂傳奇依舊會走下神壇。錯雜性與乍現讓始末很難說個清楚。

我們曾將股市視為錯雜系統的例子提出說明。股市是彰顯群龍無首的錯雜系統近乎完美的例子。在多數交易日裡，股票會以清楚可辨的模式上沖下洗，但沒有單一個人或個人組成的團體可以決定市場的走勢。具有影響力的市場評論家與分析師，偶爾可能會稍微動搖走勢，但是在多數交易日裡，股市是依據一盤散沙的投資人集體意志移動。即使以可口可樂的情況為例，保留原始配方的行動多數時候也是各自為政，雖說蓋伊．穆林斯與美國舊可口可樂鐵粉可能啟動一場小型運動，毫無疑問他們並沒有採取任何有意義的方式指揮整起故事發展；事實上，誰都可以主張，無人領導的激情無名群眾展現支持力量，引導美國舊可口可樂鐵粉與穆林斯，並不是他們自己站上運動領導人的地位。

對可口可樂的管理階層而言，宣布新可樂之後諸多事件乍現，必定讓人感到莫名其妙。他們顯然猜疑有些消費者想要保有原味可口可樂，也敏銳意識到可口可樂的象徵地位。不過在他們做決策的過程中可能不曾想像，事情會一如我們所見地越演越烈不可收拾。

●偶然性

在科學文獻中，偶然性通常不會被視為錯雜性的自然或必要特質。但是就商業而言，思考錯雜性的角色時納入偶然性，看起來是還滿合理的做法。幾乎人人都可以想出某一場湊巧的會議或事件，最終證明具有改變個人生活和職涯軌跡的重大意義。有可能是湊巧讀到一段名言、與陌生人萍水相逢，或者可能是看似一場福至心靈的頓悟。當然，任誰都可能認為，偶然性只是一種弱連結的特殊形態，但是你置身商業環境思考偶然性時，將它視為單獨元素納入考量可能會很管用。

請花點時間想想至今討論過的諸多錯雜性的組合成分與特質。這張清單包括了連結、適應、非線性、反饋循環和乍現。這些特徵全部加在一起便足以解釋，我們生命中偶然發生的事件，都是錯雜性的副產品，也是錯雜性的潛在來源。

乍現加上偶然性，將會為錯雜性帶來其他非常重要的屬性，對管理階層來說寓意重大。額外屬性是錯雜性的整體本質。複雜系統可以採取簡化方式處理，也就是說，複雜系統的每道環節都可以個別、獨立處理。但錯雜性系統具備連結、乍現和偶然性特質，只能以整體方式理解並管理。將錯雜性系統縮減為各個獨立的組成部分實不可為。我們將在第五章深入探討這一現實。

●錯雜性只是一種隱喻嗎？

錯雜性是否僅為一種方便的隱喻，有此疑問很合理。或許它是一種方便做法，附帶好處是後見之明，用以解釋無可解釋之事。或許它是一種方便藉口，畢竟錯雜性缺乏明確定義，之前所提供的定義更聚焦何者並非錯雜性，而不是何者確為錯雜性。錯雜性是否僅為一種對已知問題理解不足的功能，這道問題也很合理。換句話說，如果我們具備更多知識、數據點或更深刻的理解，我們就更可以把一道既定決策視為複雜問題並據此建模，然後採用複雜的優化技術制定商業決策。

但是，任誰都可以辯稱，就思考錯雜性而言，這是膚淺、天真又一廂情願的思考方式。確實，當前錯雜性科學尚不發達，許多錯雜性層面仍屬未知、不確定且尚無法被充分理解。商界領域鮮少討論或研究錯雜性，因此格外欠缺成熟理解錯雜性。但是現在有充分證據顯示，有些時候商界中某些基本要素阻礙我們將計畫當成複雜或簡單的決定處理。

關於錯雜性的起始論點就是，應用複雜性思維處理商業問題，最終只能取得有限成功。可口可樂無疑坐擁最優秀工程師、市場測試專家、食品科學家和行銷分析師，更別提高如天價的行銷預算。改變可口可樂配方的決定不是三言兩語就可以搞定，而是經過最大程度的盡職調查、徹底分析改變的優勢與劣勢，外加最大程度的關切，持續監控、管理新配方發布事宜。可口可樂的核心階層與一票緊盯這家企業的投資分析師，都密切關注可口可樂的銷售狀況，以及大眾對新可樂的感知結果。儘管該做的苦功、該投入的關注全都到位，推出新可樂還是功虧一簣，而且是一蹋糊塗、超級難看。可口可樂可是應用最出色的複雜業務實踐與累積多年的極度成功行銷經驗。儘管如此，它不僅連成功都沾不上邊，還以令人尷尬的失敗告終，將天大的道德教訓與市占率勝利奉送對手百事。

複雜性思維毫無生產力的另一道吸睛例子，就是它無能預測金融市場的行為。我們將在第八章詳細討論金融市場和錯雜性，但此時拿金融市場當作複雜性思維自曝其短的例子也很適用。一般來說，或許沒有哪一門商業領域或經濟整體而言，會比金融市場的複雜分析獲取更多精力與資源。成千上萬訓練有素、薪酬豐厚的金融分析師，他們持有高深的商業、數學和金融領域學位，在每一個交易日使用最先進的電腦設備，製作出可以預測金融價格走勢的模型。這種做法帶來的報酬堪稱天價。但結果是，所有金融產品經理人中，幾乎七五％實際表現不如簡單購買並持有一籃子股票就好。換句話說，你只要列一張潛在投資資產清單，投擲飛鏢來選擇金融投資標的，實際上就有更高機會表現超越資金經理人。

顯然，金融市場中有些事情正在發揮作用，它們阻礙最精密的複雜性思維取得成功。同理，有些事情正在發揮作用，限制可口可樂之類的企業明白如何成功發表新產品的能力。這項元素似乎就是錯雜性。

在科學界，錯雜性已經大規模進行研究，並已成功應用在理解各種不同類型的科學系統如何運作。科學界早期倡導錯雜性的先鋒是英國生物學家羅伯・梅伊（Robert May）。梅伊博士是最早警告不要過度倚賴數學模型、忽略錯雜性影響的研究者之一。一九七〇年代，他將早期研究錯雜性的成果引入自然科學界，結果證明，從解剖學到氣候變化再到生態學的各門領域都發揮龐大影響力與成效。[4]

相信錯雜性概念具備有效性的主要原因，就是採取錯雜性管理的原則大獲成功。這一點我們將在本書稍後章節加以闡述。工業革命期間，複雜性思維已獲證明十分管用、彌足珍貴。但是在當前環環相扣、全球化的商業環境中，複雜性思維日益顯示價值有限，反而是採取錯雜性思維的管理技巧日益發揮作用。雖說錯雜性並不適合當作衡量成功的絕對標準，但要是將錯雜性納入考量，便可以更妥善管理結果。

●眾人即錯雜

採取錯雜性心態管理的最終論點是，商業就是與眾人做生意。所有商業交易都與眾人有關，打從員工負責製造商品、管理階層負責管理他們、行銷專家確定要製造哪些商品，當然還要有客戶購買商品。眾人的基本核心是決策和行動都很錯雜。由於所有業務都得交由眾人搞定，因此商業很錯雜的論點站得住腳。

處理錯雜性很可能讓人滿心沮喪，因為它與我們的自然心態背道而馳，而且可能在概念上擾人不安。事件可能以出乎我們直接掌控的種種方式乍現並演化，讓許多人覺得麻煩棘手。但這一點並未減損錯雜性的現實。

結論

可口可樂回收新可樂並重新推出經典可樂配方後，許多觀察家都在猜，這場推出新品其實是極度聰明又狡猾的行銷策略，好為可口可樂與它在美國社會的象徵性地位掀起一波新關注。對此，可口可樂營運高層唐納德．基歐（Donald Keough）曾說：「有些評論家會說，可口可樂犯了一項行銷錯誤；有些憤世嫉俗的人則會說，根本是我們策動整起事件。事實是，我們沒那麼笨，但也沒那麼聰明。」

他接著提出一份聲明，完美總結當時局勢的錯雜性：

簡單的事實是，所有針對新可樂計畫投入到消費者研究的時間、資金與技能，都無法衡量或彰顯如此廣大群眾對原味可口可樂深刻而持久的情感依附。這股熱情是衝著原味可口可樂而來。熱情，這個字眼就是可口可樂的代名詞。這件事讓我們大感意外，它是奇妙的美國之謎，你只能以度量愛意的方式度量它。這是這起故事的轉折點，將會讓所有人道主義者都滿意，可能也會讓哈佛商學院教授燒腦好幾年。[5]

總之，一點也不複雜，只是很錯雜。

處理錯雜性不是一門藝術，也不是一門科學。下一章將探討，某些處理錯雜性的特定策略與戰術，有時候它們其實很不合直覺。

第 5 章 管理錯雜性

錯雜性的種種特徵，可能讓它看似無法管理。輸入條件後會產生非線性結果、乍現與隨機、非中央式控管、錯雜性的整體本質、不可能將它縮減成個別部分等，所有這些要素，對希望駕馭或甚至善用錯雜情況的管理階層來說，都不是好兆頭；管理甚或利用具有這些特徵的情況，似乎都只是徒勞之舉。不過，實情並不如乍看之下那麼悲觀。事實上，對那些願意冒險擺脫複雜性思維典範的精明管理階層來說，處理錯雜情況好處多多。

我們若欲探索管理錯雜性的可行性，請先考慮以下兩道問題：你能否光憑檢視指紋就認出朋友？你能否檢視虹膜就認出他們？除非你是身分識別專家，答案想必為否。不過，且讓我們稍微調整一下問題。你能否光憑一張臉就認出朋友？當然可以，就算他們剛好戴著假髮、醜不啦嘰的帽子或是換新髮型也沒問題。你能否察覺他們的臉部表情是快樂或生氣？答案一樣是或許可以。最後一題，基於他們的臉部表情，你能否知道如何與對方互動，還能判斷心情好壞再回以適當的招呼？我假設你一定可以。假設你走在路上，正好迎面而來一名看起來心情雀躍的老朋友，你會咧嘴微笑、揮手向他們打招呼：「看到你好開心！」但是如果他們正坐在公園長凳上，止不住地嗚咽啜泣，你向他們打招呼的語調與內容可能截然相反，好比驚呼：「哎呀，我的天啊！發生什麼事了？」你面對兩種不同狀況，將會採取不同形式的回應並表達同理心。

現在請你問電腦同一道問題。電腦本身非常擅長識別指紋。你可能有一台附帶指紋掃描功能以便取代密碼登錄的筆電；同理，眼部掃描也已經從諜報電影中秘密機關的專利，進步到真實生活的應用。但是電腦至今還稱不上非常精準辨識人臉，特別是可能經過偽裝的人臉；尤有甚者，電腦拙於確認情感狀態，甚至連回應情感都很遲鈍。雖然電腦是人氣商品，至今尚未有人開發出可以回應個人心情的電腦，短期內可能也還看不到。電腦很不擅長辨識情緒並適當表達同理心，因為情緒與同理心無法被數位化。

這道簡單例子說明，管理、處理錯雜性是人類與生俱來的技能，電腦辦不到。指紋與虹膜特徵全都屬於複雜的人類特徵，臉部表情、情感與同理心則屬錯雜類型。我們身為人類可以辨識臉部與情感，但是不擅長解讀指紋和虹膜特徵。電腦可能具備處理複雜問題的優勢，但人類才能理解錯雜情況。

正如你可以完成認出朋友的錯雜任務一樣，你同樣可以完成管理錯雜性的任務。同理，正如電腦更善於辨識人類的複雜特徵，它也善於管理組織內部必要的複雜任務。

在我們的人際互動中，我們全都置身錯雜系統，執行以單日為基礎的「管理」工作，而且我們是本能為之。但問題在於，我們似乎會自動化切換成複雜性思維模式處理企業情況與問題（這道議題已在第三章討論），因此管理階層必須有意識地思量管理錯雜性。在商業環境中，廣義來說，有意識地思量管理錯雜性，是一項涵蓋四套不同策略或戰術的功能。它們分別是：（一）辨識出你正在處理哪一種類型的系統；（二）思考「管理之道，而非解決之道」；（三）運用一種「先試、後學、再適應」的經營策略；最後一點也許正是最重要的一點，（四）培育錯雜性心態。

● 辨識系統類型

管理任何事物之前都必須先認清本質，對適用錯雜或複雜系統來說，這一點格外重要。經營階層必須在意識層面後退一步，將議題分門別類。採用第一章所討論的架構，相對直截了當地斷言眼前情況中哪些元素是簡單、哪些是複雜，又有哪些是錯雜。只要爬梳正確的脈絡，自動就能讓管理階層在邁向成功路上取得好的開始。

顯而易見，每種類型的問題都必須採取與它本身特徵一致的方式管理。簡單系統就必須視為簡單系統管理，也就是遵守並堅持眾所周知的配方、流程或經驗法則。哈佛醫學院教授葛文德（Atul Gawande）在暢銷著作《清單革命》（The Checklist Manifesto）中列舉令人信服的案例，說明簡單的檢查清單正是管理簡單系統之道。[1] 葛文德博士可能會主張，就算是你的祖母都應該遵照配方烘焙自己最拿手的蛋糕。簡單系統通常易於管理，但也可能產生導致錯誤連連的輕慢心態。

簡單系統經常出現的一道例子，就是為了出公差打包行李。我平均每個月都會出差三趟。你可能會覺得，這種事我一做二十年，早該是出公差打包高手。但是我很不願意承認，數不清有多少次我連襯衫這麼基本的衣物都會忘記。為免蠢事一再發生，我製作了一張打包清單，只要花不到一分鐘時間清點一遍，就可以免除上述得花冤枉錢、有時還會讓人很尷尬的局面；舉例來說，你不得不穿著一件皺巴巴的襯衫現身在會議場合中，任誰一看就知道你在飛機上睡翻了又沒換衣服。

管理複雜系統需要比較大量的專業知識，但是只要發揮適當的專業知識，複雜系統的魅力就在於通常你可以成功管理它們。就定義而言，複雜系統堅守一套全面、強健的金科玉律與規則，因此是那種務必確保針對手上的狀況採用適當模型的事務。處理複雜系統可以交由適格的專家團隊管理，而且問題越複雜，就越需要專家或專業人士接手；稍有諷刺的是，成功機率也就越高。高複雜度的商業情況定義完善，解方亦然。

於是許多組織預設的回應做法就是，每當遭逢看似複雜議題，便聘僱一組專家或顧問介入。就真正的複雜問題而言，這是合理推論的結果，不過這些專家或顧問採取行動的效益未必讓人滿意。幾乎就定義而言，專家與顧問十分擅長複雜性思維，因為他們廣泛涉獵基於規則、規範、法律與金科玉律的具體主題，但這使得他們比較不適合處理錯雜問題，除非他們的專業領域就是和錯雜性打交道。

錯雜系統很細緻入微，因此需要採取細緻入微的手段，僵化、基於規則的複雜手段行不通。花點時間針對手上的管理問題類型做出精確判斷，有助於避免淪於複雜性思維的傲慢。複雜性思維引領管理階層認定，他們正在做某件有目的的事情，但實際上並非如此，根本很可能是有害無益。

幾乎人人都很熟悉美國神學家萊因霍爾德．尼布爾（Reinhold Niebuhr）寧靜祈禱的起始流程：「願上帝賜我平靜，接受我無法改變的事；願上帝賜我勇氣，改變我能改變的事；願上帝賜我智慧，明辨兩者的差異。」處理複雜與錯雜系統之間的差異時，或許可以將祈禱詞修正成這套版本：「願上帝賜我平靜，接受無法計算的事物；願上帝賜我勇氣，計算可以計算的事物；願上帝賜我智慧，明辨兩者的差異。」

擁有智慧並知道哪一套系統合適，更具備勇氣應用適當技術在那一套系統上，這是置身錯雜之中獲取競爭優勢的第一步，而且或許是最有效的步驟。

●思考「管理之道，而非解決之道」

小孩子玩的圈叉井字遊戲與大人玩的西洋棋，都是複雜系統的例子。圈叉井字遊戲是一種可以得出結果的遊戲，也就是說，你可以預定一組精確的規則，確保每次遊玩都能取得最佳結果。[2]理論上，你也可以在玩西洋棋的時候如法炮製，雖說效能強大到可以這麼做的電腦尚未問世，甚至或許不會有這一天。西洋棋的可能棋步組合數量多如海量，多到即使是最強力的電腦都運算不來。因此，經驗最老到的西洋棋大師都只會試圖預見往後幾招棋步，而且更注重落子的位置，而非最理想的解決之道——這就是所謂「管理之道，而非解決之道」心態。

圈叉井字遊戲和西洋棋都顯示，複雜系統可能非常簡單易懂，或是極端複雜幾乎難解。現在請想想商戰。商業比較像圈叉井字遊戲，亦即有一定數量的棋步組合，還是說商業比較像西洋棋？快問快答：商業比較像西洋棋，因為在任何商業情況下，棋步都會有無限數量的組合。尤有甚者，在商界還會看到乍現，因此「解決」任務就變得更加不可能。所以，要是不可能「解決」西洋棋局，那麼不可能「解決」商業問題，不也就合情合理嗎？

錯雜情況不適合提供解方，花費時間、精力甚至心血試圖發想出解方也是愚不可及。不過這不折不扣正是複雜性思維運作之道。企業試圖最優化行銷策略、依據需求生產時程或是長期規劃等錯雜活動時，這一點便昭然若揭。這種思考方式在經濟學領域特別明顯，因為政治家全都會承諾解決經濟弊端。

玩西洋棋時，你必須「玩在當下」：根據對手的行動反應，並無時無刻牢記自己的相對位置。你不太可能完整規劃整場棋局，而且意外局勢當然永遠可能發生。舉例來說，你的對手可能下了一招特別不明智的棋步，但完美理性的規劃意味著此類事件不會發生，因為它無異代表對手既愚蠢又不理性。任何企業只要是經營得既愚蠢又不理性，很快就會被比較精明的競爭對手取代。同理，你的對手可能下了一招特別高明的棋步，讓你措手不及，此時便有必要啟動防禦棋步。你玩西洋棋時必須試圖管理這種狀況。類似策略也適用於商業，關鍵就是思考「管理之道，而非解決之道」。

「管理之道，而非解決之道」可能是一套上不了檯面的策略，但正如第三章討論的內容，缺乏虛懷若谷的心態，可能是管理階層預設複雜性思維的原因之一。「管理之道，而非解決之道」也可能是一套讓人應用時惴惴不安的策略，因為它暗示著，你必須倚賴自己當下那一刻的思維。「管理之道，而非解決之道」是基於一套置身不確定情況中思考並做出相對自發性決策的策略。複雜世界中的假設是，知識有助掌控，但「管理之道，而非解決之道」卻意味著不確定性，也暗示著非得等到事後才可能獲得真實答案。錯雜並非意指置身一種充斥隨機性或混亂的情境，此際任何管理行動的舉措都和其他行動一樣妥當；錯雜反而是意味著，雖有一定程度的掌控感，但不是完全掌控，整體情境也無法完全管理。要是管理階層憎惡模稜兩可與不確定性的複雜心態，這種管理模式可能帶來龐大壓力。

「管理之道，而非解決之道」不意味著管理階層面對錯雜性時不應該做計畫。事實上，他們應該額外規劃更多，並開發有創意的方案，盡全力理解許多可能的結果。但是到頭來，他們得謹記美國前總統艾森豪（Dwight David Eisenhower）提到備戰的名言：「計畫總無用，但是做計畫勢不可免。」做計畫有助我們設想事況將可能如何發展，但無法確切解釋事物究竟如何發展。做計畫的價值在於執行它，以及打造替代方案與替代因應措施，不必然在於規劃的結果。

先試、後學、再適應

你可能還記得，第一章討論過3M最成功的產品之一是便利貼。它們採用「隨貼隨撕」名號第一次測試反應時。沒在市場激起一絲漣漪。但3M工程師與行銷人員持續努力，採用五花八門的方式反覆行銷，每次都修改並調整做法。最終，便利貼變成超級暢銷產品，至今我們沒有它不行。在第一次亮相行動失敗後，若倚賴「一翻兩瞪眼」這種理性、複雜風格手法可能會扼殺產品發展，3M卻採取一種有點隨意的做法，讓產品線自我調整並找到有利可圖的用途。這是一種大膽的管理舉措，但相當值回票價，至今仍為公司賺進豐厚利潤。

便利貼的傳說闡明我們處理錯雜性的第二道管用戰術，也就是先試、後學、再適應。在一套複雜性思維由上而下的命令與控制思想典範中，必定是起始就開發「宏偉策略」或全面性計畫，然後按部就班執行命令，最終再確定成敗。要是3M也讓便利貼照著這條老路走，這項產品就很可能被視為爛貨。請回想一下，隱身在原始計畫背後的目的是開發一種超強黏合劑，但事與願違做出黏合力超弱的產品。不過3M並未死守原定計畫。它試著做某事卻不成功，反而可以從經驗中學到教訓，調整策略然後再試一次。

在錯雜環境中，宏偉計畫或策略鮮少能夠一如預期般行得通。但是成功的管理階層並不會因此心灰意懶，他們會從錯誤中學習，套用自己學到的經驗，改從新角度解決問題並向前邁進。他們基本上是做中學；尤有甚者，他們也期待可以做中學。複雜思想家往往是在一道想法中投注過多智力，儘管有時候一面倒的證據顯示計畫根本行不通，卻依舊拒絕放手；錯雜性思想家反倒可以虛懷若谷、展現彈性，不被這套低概率的策略困住。

組織採行先試、後學、再適應的手法，就必須容許犯錯空間、承擔冒險後果。它們不會重資押注規模宏大的專案，也不會過度投資全面性計畫。錯雜性的關鍵特徵就是適應。組織若想成功實現錯雜性，就必須有能力不斷適應。請留意有一點很重要，適應不必然意味著變得更好或持續改善，那樣反而很有可能是在一再改進所有錯事。昔日底片大廠柯達（Kodak）精益求精底片產品，但是當數位照片取代底片時，所有長期以來的改善化為烏有。適應意味著發展敏銳的感知能力，足以察覺系統元素如何變化，並嘗試嶄新想法，看看它們在日新月異的環境中如何發揮作用。說到底，適應意味著入境隨俗，而非試圖改變環境。

有一種獨特版本的先試、後學、再適應技術，正在企業間日益普及。或許在商界沒有任何境況會比創辦新企業、生產新型態產品或提供新型態服務，來得更錯雜、成功機率更低。當然我們說的就是初創家。對初創家來說，最新穎的商業模式之一，就是廣獲吹捧的「精實創業」（Lean Start-up）。精實創業是一套連續創業家艾瑞克・萊斯（Eric Ries）創造、普及化的模式，[3]它鼓勵創業家傾盡全力快速開創並製造一種最小可行產品（minimally viable product），這樣一來創業家就可以從市場反饋中學到經驗，據此調整上架產品。精實創業循環有三大部分：（一）建構；（二）度量；（三）學習。這是一套許多商學院與創業家工作坊用來教學的方法，也是創業家處理眼前的錯雜性時十分管用的模型。啟動精實化就是實際應用管理錯雜性的先試、後學、再適應手法。

對複雜思想家來說，適應變化與演化情況可能很困難。在自我層面上，承認一套經過深思熟慮做成的計畫不會成功並不容易，但是在錯雜性當道的時代，具備虛懷若谷的心態與承擔風險的能力，以便適應一套先試、後學、再適應的手法，卻是成功之必要。生態學家與錯雜性研究者C．S．霍林（C.S. Holling）歸納出最貼切的結論：「在錯雜系統中，財富不應該採用金錢或權力衡量，而是適應的能力。」[4]

● 培育錯雜性心態

或許最有用的錯雜性管理策略，是培育錯雜性心態。管理錯雜性比較偏向心態層面，而非一系列可以學習的步驟。到目前為止，幾乎就定義而言，我們不可能採用機械方式管理錯雜性。

這一點顯而易見，那類行動太容易轉化成複雜性思維。錯雜性需要我們具備開放心胸、虛懷若谷與靈活力，也需要我們主動嘗試、實驗各種事物並冒險犯難。它遠遠超越開發知識集的層次。

錯雜性心態僅是一種接受錯雜性存在、接受錯雜性有必要採取不同方式處理，也接受管理階層置身錯雜情況可以掌控的幅度肯定有限的心態。尤有甚者，或許最重要的一點就是，錯雜性心態涵蓋伴隨著處理錯雜性而來的諸多錯雜性、挑戰與機會。

雖說不必然得是天才才能管理錯雜性，但花一分鐘思考天才與真正聰明人之間的差異，確實會有點幫助。你一生的求學過程中可能結識某個在你眼裡稱得上是天才的傢伙，或許你自己就是那一號人物。所謂「天才」就是念什麼科目都可以名列前茅的資優生，學校課業對他們來說好像輕而易舉。他們總是搶著第一個交作業、早早就寫完考卷，更是每次考試大家都拿平均分數，他們卻動不動就超標的學霸。在當時你或許會認為這些人都是天才，實際上他們在校園裡也很可能被人用這類名號指指點點。

不過，他們貨真價實是天才的機率很低，在學校裡總是拿高分的學生多半只是天賦異稟的聰明人，而天賦異稟和天才之間的差異大如鴻溝。聰明人思考比較有效率、比較快，而且比一般人記住更多事實，但他們的思維不必然和一般人天差地遠，只是所思所想都更有效率、迅速而且成效更高。但天才可能天馬行空，他們的腦袋結構似乎與眾不同，不依循傳統方式思考；

就傳統意義而言，他們反倒是經常在學業上表現不出色。

我們一提起「天才」，腦子往往會冒出「愛因斯坦」這個名字。雖說愛因斯坦學業成績不佳的說法是以訛傳訛，但他的想法確實與眾不同。真相是，他肯定是高於一般水準的數學家，但不是數學天才。有一道鮮為人知的事實就是，他遇到的數學問題多數都是其他人代為解決，其中包括助理沃瑟．梅爾（Walther Mayer），他搞定許多數學方程式，也代勞許多愛因斯坦遁入理論沉思時必需解決的計算題。愛因斯坦暱稱梅爾是「計算機」。

梅爾顯然是博學多聞、天資聰穎的數學家，但是他不像愛因斯坦一樣是個天才。愛因斯坦的天才主要限於抽象物理學，並採取新穎、創新和頗具創意的獨特方式思考物理系統。他的「思想實驗」（Gedanken Experiment）具備原創性與威力，造就他卓越科學家的名聲。愛因斯坦身為數學家還算傑出但不夠頂尖，幾乎可以肯定稱不上天才；但是他身為物理學家，鮮有同輩足以相提並論，因此被認定是天才。而天資聰穎的梅爾，僅在青史上留下草草一筆。愛因斯坦是一位錯雜性思想家，梅爾則是非常優秀、聰明的複雜思想家。[5]

超級聰明及天才之間的區別，堪與理解具備複雜心態及以錯雜心態之間的區別相提並論。聰明人非常有效地獲取與事實相關的知識，並且非常快速地應用那些知識，也就是說他們精於複雜性思維。錯雜性思想家卻是思維大不相同。如果我們談的是數學，愛因斯坦可以歸類為複雜思想家，因為他雖然拿手，卻不夠精熟；但是當我們談的是物理學，那他算得上是有史以來最偉大的物理學家之一。雖然你不必然得是天才才能成功駕馭錯雜性，卻必須思維大不相同。更燒腦、更聰明也更深入思考屬於複雜心態，但這樣還是不夠，尤有甚者，那反而可能是處理錯雜性的阻礙。

蘋果公司共同創辦搭檔史帝夫・賈伯斯與史帝夫・沃茲尼克（Steve Wozniak）提供有趣的個案，足以闡釋非常聰明的某甲與世人公認為天才的某乙其間差異有如天壤之別。他倆的個性、專長與缺點截然不同，正是這些差異產生綜效，而不是專長相輔相成，才為蘋果帶來最終勝利。

從各方面來說，外界暱稱為「沃茲」的沃茲尼克是頂尖的電子工程師，幾乎一手包辦早期蘋果產品的功能；反之，賈伯斯則是行銷天才。沃茲尼克遠比賈伯斯更懂如何組裝電子元件，但後者才是預見這類產品深具龐大潛能的行家。沃茲尼克是複雜思想家，深諳電腦發展；賈伯斯則是行銷天才，他才是掌握大眾電腦演化的高手。這對搭檔的思維方式大相徑庭。其中，沃茲尼克非常精於理解、研發現有的電子與電腦相關知識，但賈伯斯非常擅長預見個人電腦領域的潛能，極少數人具備這種能耐。沃茲尼克理解事物，但賈伯斯腦補事物；沃茲尼克極度聰明、天資聰穎，但賈伯斯是名副其實的天才。

錯雜性心態是一種富有創造力的心態，聚焦可能性而非實用性。錯雜性心態是一種富有想像力的思維方式，與複雜性心態之間的差異，就像思考與察知之間的差異。思考是一道富有創造力的過程，但察知是資訊檢索的過程。回想第三章討論肯・羅賓森在TED的演說〈學校扼殺了創意嗎？〉，他的主要論點是，學校聚焦死記硬背的填鴨式學習法，扼殺學生創意。那種做法比較適合古早的工業時代，而非當前學生必須為未來做好準備的職場風氣。他主張，藝術與比較傳統的科學、寫作與數學同樣重要。他強調創造力與自我表達的需求，這樣學童才能採取最適合自身與內在熱情的方式發展自身天賦。

不過換一種方式看，羅賓森的觀點可視為一道主張，讓錯雜性心態就像複雜性心態一樣得到發展。學校課程側重數學與科學，文學則聚焦傳遞現有知識而非培養創造能力，而且包含大專以上程度的學校教育都是為了發展複雜性思維技巧。羅賓森聲稱，這種現象部分源於它是一套工業革命發軔以來幾乎不曾變化的系統。工業革命之初，隨著工人從農村轉入工廠，標準化知識有其必要。若想在工廠內成功活下來，必須具備理解機器並與它協作的能力。工廠工人無需創造力與想像力。尤有甚者，大量資源投注研發工作以精進現有技術，因此諸如沃茲尼克擅長的工程技術正是工業所需，根本供不應求。請花點時間想像一下，賈伯斯對未來充滿遠見，預測個人電腦將蓬勃發展、消費者將張臂歡迎iPhone這類整合型產品，但如果他活在一八〇〇年代中期會混得怎樣？很可能是，某個像沃茲尼克這種具備一身功夫的傢伙會成為更有價值的工程師，賈伯斯只能窩在髒兮兮的小工廠裡幹活。

在理想世界中，管理階層將發展自己的技術知識與創造力。就某種意義而言，管理階層會變成一種新型態的「文藝復興人」，但現代版「文藝復興管理階層」不再坐擁許多跨領域的知識，而是培養出複雜性思維技巧與錯雜性心態。複雜性思維技巧與錯雜性心態之間有一道相似之處，正與習慣左腦思考或右腦思考的人有別一樣。左腦主導邏輯與分析能力，右腦的直覺或創造力比較發達。若想精進錯雜性，就必須靈活運用大腦兩側功能；換句話說，必須能夠在以右腦為主和左腦為主的功能之間切換自如。你必須一邊發揮創造力、一邊善於分析。

這種二分法激發一場教育運動興起，不僅聚焦科學、科技、工程和數學這幾門所謂STEM學科，更要熱切廣納藝術，或是加碼成為STEAM學科。[6]處理錯雜性時，欣賞並理解藝術可能很有價值。藝術讓我們更有創造力，得以預見乍現可能如何演變，正如賈伯斯預見蘋果的iPod與iTunes可能異軍突起，永遠改變我們選擇並聆聽音樂的方式。

培育錯雜性心態的最後一層面向，就是學著擁抱錯雜性。錯雜性是商業事實。只要有經濟活動、組織、勞工與管理階層，商界就永遠看得到錯雜性。我們越早體認並與這項事實和平共處越好。錯雜性絕不會自行消失，試圖消滅錯雜性或讓它成為無關緊要之事，只會白做工，甚至有害無益。

雖說錯雜性有時候看起來很陌生而且無可察知，但它不是值得擔心害怕的事物。沒錯，錯雜性涉及不確定性與風險，不過這些不確定性與風險並非僅帶來危險，也帶來機會。要是商界沒有錯雜性，也就不需要管理階層或勞工了。就此一情況而言，如前所述，企業所有部門營運都可以交由電腦或機器人接手，企業決策立基一套主要的優化方案便綽綽有餘。管理階層的意見充其量顯得多餘，更可能成為次要選項。電腦可以比任何管理階層或管理團隊計算出更適切的優化方案，但唯有管理階層才能應對錯雜性。

錯雜性思維心態體認到，錯雜性同時創造挑戰與機會，也創造通往競爭優勢的大道。就算沒有其他原因，光這一點應該就足以激發出培育錯雜性心態的動機。

●管理錯雜性的其他戰術

善用錯雜性以便管理錯雜性

善用錯雜性以便管理錯雜性，聽起來像是在玩疊字遊戲或是循環論證，不過這就是大自然與自己保持一致的方式；對商界管理階層與商業組織來說，其中有些很管用的類比和教訓。有些鮮明特質導致錯雜性，諸如隨機性、多元化、連結與乍現，它們也是我們可以用來槓桿錯雜性系統的戰術。

就拿蟻群當作第一道例子。在錯雜性的脈絡下，或許沒有其他動物被研究的程度比得上螞蟻。蟻群是解釋錯雜性系統的絕佳範例，因為牠們表現出乍現、適應性、隨機性與自我組織等特性。螞蟻也是地球上最成功的物種之一。蟻群不只是錯雜性系統的範例，也是工作組織成功利用錯雜性的範例。

蟻群行為與大眾認知相反，似乎沒有明確的領導者。蟻后儘管頭戴后冠，實際角色卻似乎僅限於繁殖。反之，蟻群無論是在自己內部或與其他蟻群打交道，似乎都是出於自我組織的特性自我管束。蟻群沒有中央指揮總部，也沒有中央指揮官，不過極度成功、適應良好。

蟻群應用的關鍵戰術之一，就是在群體內部槓桿隨機性，進一步創造錯雜性與偶然性。蟻群展現幾種形式的隨機性，看起來似乎不合直覺，卻是牠們的成功關鍵。舉例來說，試想一下螞蟻如何找到食物來源。你可能在中學的生物課堂上學過，螞蟻尋找食物時會在身後留下一連串的氣味或費洛蒙。當一隻螞蟻發現食物來源就會回頭去找蟻群，沿著整路留下費洛蒙。這條費洛蒙蹤跡進一步標示出一條通往食物來源的路徑，吸引其他螞蟻前來，很快地就會看到一整列螞蟻跋涉在蟻群和食物來源之間。費洛蒙蹤跡越強烈，就吸引越多螞蟻，因此就形成一種自我強化的反饋循環。

不過，這個說法並非故事的全貌。如果反饋循環就是螞蟻尋找食物的全部，那麼所有螞蟻很快就會被同一道食物來源吸引，該來源將被快速耗盡，蟻群最終會集體餓死。因此，有第二道比較鮮為人知的事實阻止如此厄運發生：蟻群會繼續派遣幾隻螞蟻外出，牠們的唯一任務是隨機尋找食物。這種隨機尋找的做法可能看似白費力氣，特別是牠們已經找到並善用可接受的已知食物來源。不過這幾隻「漫無目的」的螞蟻，卻是擁抱模稜兩可與隨機性的錯雜性策略一環，即是假設萬一外頭有更好的食物來源，或是萬一現有存糧很快就吃光，為此蟻群「派遣」牠們擔綱持續搜尋的角色。這種隨機搜尋做法看起來正是螞蟻成功的關鍵之一，也是牠們擁抱錯雜性的方式之一。

有一點很有趣值得注意：帶著錯雜性思維的「隨機尋找食物螞蟻」將會辦事效率不佳。牠們不會遵循已知的成功策略，也就是開發已知的食物來源；反之，牠們只會從事低概率的隨機尋找食物之旅。此外，這類螞蟻每一隻看起來似乎都各行其是、未進行協作，讓牠們像是重覆採取冗餘、低效率的方式隨機搜尋相同區域。但事實上，蟻群在許多不同環境都是超高效率的生存與繁衍專家。

擁抱多元化模型與隨機性的企業案例，就是 3M 啟動知名的小專案工作小組（skunk works

projects），隨後許多其他企業起而效尤。所謂小專案工作小組是一套由員工驅動的專案，在同儕支持但管理階層不介入的情形下自發完成。小專案工作小組與正常的工作流程與業務運作流程分開。它們的運作基礎是一套「非常態業務」原則，完全不容管理階層干涉。他們沒有中央指揮總部，而是根據設計行事。小專案工作小組裡的「螞蟻」會隨機搜尋，即使因此造成冗餘和效率低下。

螞蟻的隨機行為有助於牠們避開局部極大值（local maxima）。對螞蟻來說，任何既定的食物來源就是局部極大值，總有一天會被消耗殆盡，螞蟻必須另尋食物來源，套用數學術語就是另一個極大值。僅僅聚焦那麼唯一一道想法的管理階層與企業，就好比只是倚賴單一食物來源的螞蟻。正如管理大師彼得．杜拉克所觀察，就最佳商業實務而言，最後一家馬鞭製造工廠可能是效率典範，但它同時也是執迷於局部極大值。它有必要對外擴展，有必要複製螞蟻隨機搜尋食物的戰術——僅就組織的情況而言，這代表要搜尋新想法與新市場。雖說不合直覺，但組織必須有目的性在運作流程中導入隨機性，以求成功處理錯雜性。

鼓勵並尋求多元化

避免執迷局部極大值的其中一招，是刻意在組織或個人思考模式中導入多元化。在勞力梯隊中開發多元化是一種行之有效的「最佳實務」，不過就像許多出色點子一樣，往往是說比做容易。組織多元化的最大障礙就是「同溫層」症候群。管理階層喜歡聘用他們相信自己會喜歡的對象，這一點眾所周知；相應來說，特質、學歷和背景的相似性是增強好感度的關鍵組成部分。結果是，「同溫層」可能在自我增強之下造成多元化有如螺旋式衰減，最終幾乎完全一致。

唯有多元化才容得下錯雜性。錯雜性會在一種多元化媒介的競爭環境中崛起，因此刻意在管理架構中導入多元化是一道好點子。多元化程度太低將會導致集體思考與組織僵化，但是太高又會搞得烏煙瘴氣。組織內部應該有最適度的多元化，就像應該有最適度的錯雜性一樣。決定理想程度比較是一門藝術而非科學，尤有甚者，理想程度可能會隨著時間與業務條件改變。

組織是社會架構，招聘過程對於形塑企業文化影響重大，正如管理階層其他蓄意或無意的行為一樣。聰明的組織與精明的潛在員工都知道，應徵者與組織「合拍」的重要性與技能、知識不相上下。潛力雄厚的員工尋找的組織與職務，都會稍微跳脫自己的舒適圈，亦即他們可以延展能力、獲得學習機會、接受嶄新挑戰並開發全新技能與特質的場域。組織鮮少這樣思考，特別是提到從組織外部徵才的話題。

組織若想在勞力梯隊中導入適度多元化，紀律與有意識的努力有其必要，其中一招就是有意識地進行實驗，刻意從學校與地理區域等不同來源聘僱人才，也可以從不同的教育與經驗背景下手。技術能力可能無法轉移，就好比外科醫師無法成為最頂尖的電腦晶片設計師，但錯雜性心態之類的管理技巧可以傳授他人。我們再次回到複雜與錯雜性技能的二分法。錯雜性技能有適應能耐、可以轉移，因此應該更加善加利用這道轉移作用。沒有理由懷疑醫藥產業的銷售技巧無法轉移到包裝消費品市場的行銷領域，但那不是雇主或謀職族群所具備的共同心態。這正是「商業很複雜」的部分假設。

缺乏組織多元化會導致集體思考，也就是團體成員對某一道特定想法迅速形成共識，不再進一步思量其他許多潛在想法。集體思考扼殺出色想法、打壓創造力，讓企業淪於脆弱，易受日新月異的競爭環境所影響，也無法發掘嶄新商機。

曾經在底片市場不可一世的柯達之死，就是缺乏多元性可能負面影響企業的悲劇個案。雖說數位相片迅速崛起、普及，極為驚人地改變攝影世界，也對底片市場造成直接衝擊，但轉向數位相片這道趨勢本身並非柯達之死的肇因——事實上，柯達曾經是生產數位相機的早期創新企業。正是集體思考讓柯達巨人倒下，因為它只想繼續聚焦單一用途的相機。柯達的管理階層完全看不出來或是難以領會，逐漸崛起的智慧型手機足以成為相機替代品。智慧型手機自動連結臉書與領英之類的社群媒體網站，徹頭徹尾改變消費者的拍照習慣，促使他們遠離單一用途的相機。原來，重要的並不是照片本身，重點是分享。柯達被排擠至自己仍具備優勢或專業知識的利基市場。雖然柯達是數位攝影的領導與創新品牌，但因為缺乏多元化思考、盲目無視自身所處市場可能的巨變，因而完全錯失這道市場發展的廣泛意涵。

建立連結

多元的勞力梯隊成員為了靈活回應錯雜性，就必須採取某種方式建立連結或是網絡。建立連結與網絡因此是管理錯雜性的另一套關鍵策略。員工在組織內、外部建立連結的簡便性及有效性，就是打造精通錯雜性組織的關鍵。

加拿大蒙特婁銀行（Bank of Montreal）的企業培訓機構名為專學研究所（Institute for Learning, IFL）。專學研究所具有許多創新功能，而且是圍繞「走動式管理」（Managing by Walking Around）的理念、建立連結的價值所創建。它不像多數企業培訓機構是在企業總部另闢一塊無人使用的空間湊合，而是專用於學習的機構。尤有甚者，它刻意被設在郊區，遠離企業總部，但它不是一處圖耳根清靜的地方，反而是由於遠離總部，因此被稱為客座學生的來者都可以專心致志學習、建立連結。

首先，專學研究所的體系架構是特殊設計專門用以促進連結、乍見與走動式管理的互動型態。這裡區隔成兩大截然不同的景觀，彼此是由建築手法令人驚嘆的中央走廊相連。正式的培訓空間與教室都在建築物同一側，餐飲和生活設施則在另一側。中央走廊建構成風帆形狀，用這種方式導流人群流量，讓所有專學研究所的客座學生都有最大機會自發性結識他人。這種開放式設計鼓勵客座學生停下腳步，與迎面而來的對象打招呼。人人都必須行經這處空間，才能走到他們的宿舍或培訓據點，這項事實扮演偶然相遇的催化劑。這處空間的設計初衷，即為讓眾人有意或無意地發展連結，於是來自蒙特婁銀行不同業務部門的客座學生都可以更輕易地會見他人、相互學習。用餐區的公共桌位也加強這種偶然相遇的機會，提供甚至促進對話與新連結開展。專學研究所刻意設計要讓錯雜性開花結果。

許多社群媒體企業的辦公室空間設計，便是基於相近的原則。現代化職場不再採取傳統隔間甚或更限縮空間的關門式獨立辦公室，而是改成靈活的辦公空間，鼓勵員工在不同的部門之間隨意晃行、玩樂並與其他人互動。內設桌球台、桌上足球台的遊戲室點綴幾處私密空間，裡面放置沙發和／或規劃更開放的會議中心。這些開放、好玩的辦公場域設計，鼓勵並促進走動式管理與走動式學習。它們孕育連結、企業學習和乍現，並有助發展組織的錯雜性管理能耐；它們是現代版的傳統茶水間。這類辦公空間受到社群媒體企業青睞或許不是偶然，因為它們本來就精於利用自家商業模式內含的錯雜性。你若想管理錯雜性，就得先創造錯雜性，最佳方式之一就是走動式學習。

對每一名員工來說，建立自己的個人人脈連結也是很明智的作為。在現今社群媒體當道的氛圍中，所有精明的商業人才都意識到，建立強大的個人社群媒體形象有其必要。先前的章節討論過強連結與弱連結，連結的概念與多元化互為表裡。強連結就是那種你定期保持聯繫的連結；舉例來說，他們可能是你每天一起共進午餐的飯咖，或是最常在你的社群媒體網站貼文的網友。你的強連結就是你與他們往來、他們也與你友好的團體。弱連結則是你雖然握在手上，但是僅僅偶爾見面或得知消息的對象。你的弱連結是朋友的朋友，彼此可能才見過一、兩次面。

正如我在第四章討論的內容，社會學者馬克・葛蘭諾維特的研究顯示，弱連結通常是最有成效的槓桿來源。雖說在朋友與熟人圈子傳散點子顯然是最容易的做法，但現實是你用這種方式分享點子，不太可能傳多遠，也不太可能更進一步發展。你的密友可能背景和你相差無幾，因此彼此的思考方式大同小異。你從他們口中聽來的點子，很可能自己早就想過了，反之亦然。這就是所謂「對唱詩班傳道」症候群。但你若是違反直覺，努力開發弱連結，你的世界與你的點子世界就很有潛力可以暴衝擴展。雖說與強大的中央節點建立連接固然重要，試圖與各方面都和你背道而馳的對象打造連結也極有助益、彌足珍貴。弱連結這種附加功能往往也更與多元化息息相關，因此它們十分管用。

錯雜性的教條除了融合多元化的價值，也告訴我們連結至關重要。如今我們置身的網絡化與社群媒體世界，正是隱身在理解錯雜性需求背後的關鍵驅動力。正如管理大師亨利．明茲伯格所說：「管理並非掌控他人。而是讓他們協作。」[7]

成為好學人

個別的管理階層需要承擔打造並發展自身多元化係數的責任。我們若想求取專業進步，理當避免精神磨擦。雖說發展因應嶄新、不同影響的開放式心態得費點功夫，但好消息是這道過程有可能很好玩並讓你滿載而歸。「好棒棒」查理．瓊斯（Charlie "Tremendous" Jones）是一九六〇年代人氣爆棚的勵志演說家，他總是建議，你未來的進步直接取決於「你閱讀的書和你遇到的人」。他的觀點是，我們若想發展求進步就必須閱讀各種書籍，進而拓展自身想法的組合內容。除此之外，我們也應該把結識各行各業的新朋友，當成拓展自身人脈的重點工作。

這是提升自我管理錯雜性價值的絕佳戰術。

在十四至十七世紀的歐洲，文藝復興時代是科學、藝術和政府事業蓬勃發展的時期。「文藝復興人」這個說法指的是某人不僅精通藝術，而且在科學與人文學科也一樣表現出色。他通透理解廣泛的思想和學科，而且對什麼事都感興趣。當然，文藝復興以來日積月累的海量知識意味著，在多元研究領域獲取有意義的專業知識，已是不可能的任務，我們生活在專業化時代，專家在一個日益窄化的領域內日益深入了解專業知識；但是專業化推著我們日益遠離「文藝復興人」的概念。

我們必須重新煥發文藝復興人的概念，以便應付環環相扣的世界，因為它正變得越來越錯雜、越來越不複雜。「錯雜性」是擴張主義，「複雜」則是簡化主義；「錯雜性」兼容並蓄，「複雜」則是強硬說教。個人的知識與興趣橫跨各種領域與學科的必要性遠高於以往，但當今流行的教育典範似乎是背道而馳。人文學科學程的註冊人數日益下降，專業學程與中央認證學程則水漲船高。讓人遺憾的是，社會總是喜迎專家，認定通才只是大宗商品。

成功的組織將是那些發展文藝復興心態的代表。組織若想在錯雜性環境中成功競爭，必須主動提倡多元化，而且不僅止於文化層面，更要推展至心態層面。它們必須積極培訓具備不同知識與技能的員工，必須從多元背景與知識領域召募專才，還必須付出比當前更大程度的努力跨領域培訓管理階層。管理的挑戰在於允許多元化發揮作用，好比容忍甚至歡迎歧見。這是組織可以成長並學習的唯一之道。或許這就是為何許多領先企業主動招聘曾經在不同組織擔任過不同職位的員工。

管理階層必須承擔起開放自己接納嶄新影響與想法的個人責任。側重盡可能採取多元方式發展的管理階層將是獲取新鮮觀點、辨識出錯雜性現身並演化成新興趨勢的代表。管理階層必須學習成為多元的好學人。他們必須跳脫造就他們今日成功的舒適圈，並發展出批判世界的新技能與新手法。隨機學習是一種不合直覺但關鍵的部署策略。隨機學習的例子包括閱讀跳脫自己一般興趣範圍之外的報刊雜誌、參加獨特的文化或藝術活動，並與來自商界領域差異懸殊的專業精英交流。

正如艾力．賀佛爾曾說：「在變動的時代，學習者繼承地球……學到者則發現自己完美準備好面對一個不復存在的世界。」[8] 在這個錯雜性時代，這道論述再真實不過。錯雜性嘲笑學到者並獎賞學習者。學習者廣結人脈並理解它之於管理錯雜性有其必要性，學到者卻無法擺脫死板、僵固的知識基礎。

是劇本，不是規則手冊

至今似乎尚無處理錯雜性的明確規則。實際上，我們可以採用數學方式，從一小套非常簡單的規則中開發出錯雜性行為。舉例來說，蟻群有一種依循費洛蒙蹤跡的習性，蹤跡越強烈就越能吸引其他螞蟻循線而來。請注意，規則很簡單，得出一個依循費洛蒙蹤跡既定的正機率，蹤跡越強烈，依循的機率就越高。但是這道規則導致異常錯雜的螞蟻社會。同時請注意，這道規則並非絕對，它內含隨機性。我們已經討論過在系統中導入隨機性與多元化的重要性，此處重點則是保持規則簡單。複雜系統基於大量非常嚴格的規則，錯雜性則是基於擁有一些非常簡單的試錯法。錯雜性經營階層牢記這一點，並保持試錯法在最低限度。錯雜性不是毫無規則可循，只不過是最小化規則。

廣告界巨擘恒美（Doyle Dane Bernbach）的傳播長傑夫．史威斯頓（Jeff Swystun）解釋這種手法應為「是劇本，不是規則手冊」。換句話說，你想要有一些通用原則（即劇本），但不要拿一大堆規則妨礙員工。這道簡單哲理便提供彈性（而非一團混亂）。

導入隨機性時最小化規則，意味著在系統中，任何既定時刻都看得到明顯的不效率。換句話說，使用一套複雜手法看起來更能節省成本與提高效率。但你應該要做好心理準備會看到這些不效率——我再次重申，這是違反現代管理階層直覺的特質。優化通常是「及時庫存管理」這類現代商業實務的目標，它試圖在可能的情況下最小化鬆散狀態，對保持工廠運轉這類肯定是複雜的任務來說，這是合理做法。但是對錯雜系統而言，這種手法有礙系統學習、發展出更適合新興環境的更有效率流程。

擁抱乍現

管理階層可以善加利用的一道錯雜性關鍵特質就是乍現。乍現始於連結與社會互動。這些社會互動可能是組織內部或外部，也可能介於組織與產業，或甚至介於組織與更大的經濟圈。乍現本身無法直接管理或預測，但可以描繪想像，開明的管理階層可以提供讓乍現發生的催化劑。

你若想領會乍現的潛力，就得學社會學家一樣思考。個人層面的同理心，可以是由上位的管理階層到下位的員工；亦或組織層面的同理心，也就是從管理階層做起，有意識地培養出一種體會組織正朝哪一方面社會化的感覺。除此之外，資深管理階層必須培養一種經濟同理心，也就是一種體會經濟總體情緒朝向何方發展的感覺，要是可能的話，也要能感覺為何這股經濟情緒有可能改變。

C．W．米爾斯（C.W. Mills）是公認的社會學之父，稱此為社會學想像力。具備社會學想像力不僅需要試圖理解個體，也包括個人所處的社會脈絡。這與試圖理解或建立乍現模型完全一致。每當個人加入一種獨立或烏合之眾組成的共同關係，並從他們的社會脈絡汲取線索、依據脈絡做成個別決定再據此行動時，乍現就會發生。這種「檢視脈絡、做成決定、依脈絡行動」的循環，就是產生我們稱為無人領導模式的乍現。它是個體與他們的社會脈絡之間的相互作用，也是米爾斯起頭的社會學想像力架構。

乍現可能會嚇壞或激勵管理階層，它的作風怪異、無可預測也無可掌控；正如可口可樂經營團隊發現，它也可能是一股過強的外力。乍現無法掌控，但或許可以稍微推移。撇開其他不談，警醒的管理階層可能會意識到它的存在，或許便據此調整、適應他們的策略。關鍵在於意識到乍現存在並主動與它合作而非抗拒，但是這樣做需要管理階層敏察更廣泛的業務運作環境，並主動放棄不讓公司迅速改變方向的死板架構與策略。

乍現可為敏捷的組織帶來競爭優勢，卻是僵化大怪物的敵人。舉例來說，試想民營連鎖雜貨店喬氏超市（Trader Joe's）。喬氏超市幾乎為自家門市與提供的產品打造一股狂熱崇拜的風氣。在風格迥異的門市裡，員工穿著夏威夷襯衫，專門提供高品質客戶服務。喬氏超市之所以獨特，在於門市產品的存貨數量比一般傳統雜貨店少一〇%，但據估每平方英尺的利潤比同儕高出兩倍。代表性產品是名為兩元找查（Two Buck Chuck；編按：Chuck是製造商Charles Shaw的名字暱稱）的葡萄酒，一瓶零售價才一．九九美元；或是名為香料餅乾奶油（Speculoos Cookie Butter）的抹醬，將甜餅壓碎製成。喬氏超市是一家擁抱乍現從中獲取競爭優勢的企業。

喬氏超市之所以獨樹一格，是因為它遠比其他雜貨連鎖店更敏捷。許多其他對手賣的低周轉率基本商品，好比牙籤之類的雞肋型商品，都不會在它的門市上架。除此之外，它選擇的產品也非常兼容並蓄。這家連鎖店憑恃別處買不到的商品，讓顧客驚呆而欣欣向榮，而且好業績來自販售商品中八成都是自有品牌。這家企業非常貼近顧客，從未猶豫捨棄任何無法快速販售的商品，因此顧客總是帶著期待被貨架上產品驚呆的心情走進喬氏超市。

喬氏超市善用小空間、優質的顧客服務，打造「隔壁商店」的鄰家感，也讓顧客對親朋好友口耳相傳，吹噓自己最近又在喬氏超市「挖到」什麼最稀奇古怪的食物產品，進而建立與顧客的連結。

喬氏超市主動實驗新產品、迅速淘汰不符合期待的產品，展現鼓勵多元化、跳越思維與「先試、後學、再適應」管理的錯雜性管理戰術。它本質上是在嘗試新事物、讓它與顧客的連結，也讓顧客彼此之間的連結允許那些贏家產品異軍突起。它是企業在營運策略中擁抱錯雜性思維與乍現的範例，這套策略運作相當成功。

同理心

我們已經討論過，商界錯雜性最經常崛起於人際互動。人類都有移情作用，具備錯雜性心態的管理階層需要的不只是社會學想像力，更得培育深厚同理心的能耐。美國哥倫比亞大學商學院教授莉塔・麥奎斯（Rita McGrath）在題為〈三個管理時代：簡史〉（Management's Three Eras: A Brief History）的文章中探討同理心的重要性。[9] 麥奎斯主張，管理的第一個時代就是工業時代，當時執行大規模生產是關鍵；下一個管理時代是二十世紀中葉，強調專業知識，科學管理原理崛起足以代表這一時代；時至今日，麥奎斯解釋，我們正進入一個重點必須放在同理心的新時代。

麥奎斯倡議的三個時代，與管理階層的角色從複雜性思維切換成錯雜性思維的轉變相當一致。工業革命期間，主要問題就只是搞清楚如何完成任務。隨著各門業務領域變得更精細，科學管理與複雜性思維應運而生。但現在這個世界更加全球化、更緊密相連，因此也更錯雜。麥奎斯主張，我們執行任務更倚重網絡分工而非直線指揮路線。這點再次證明，從複雜到錯雜的演變相當一致。當指揮路線轉移至網絡時，員工的情感與個性就變得更重要，具備錯雜性的心態管理階層必須將這一點納入考慮。

與錯雜性同樂

正如我稍早所述，錯雜系統無法掌握，它們是持續演化、發展的活動組合。這一點意味著管理階層的風格也有必要持續演化。

成功的管理階層將學著與錯雜性同樂。雖說「處理可能」或許讓人感到沮喪，這一點屬實，但我們實有必要承認此一現象。體認到即使額外付出努力或技能也不會實現完全的命令與控制，這一點同樣讓人氣餒。不過錯雜性帶來驚奇，這一點也屬實，而且每一道驚奇都是一門尚待發掘並獲利的領域。

錯雜性是現實，也是事實；不是時尚，也不會被消失；它的重要性不會稍減，只會一再增強。管理階層與組織可以開始接受新現實，或是繼續一無所知錯雜性與它的意涵。不過唯有接受，才會導致「可能」，無知之路則幾乎肯定是走向退化過時。

美式足球聯盟第四十七屆超級盃，在紐約巨人隊與新英格蘭愛國者隊開賽準備階段，記者寫了一篇文章，聚焦前者的總教練湯姆・考夫林（Tom Coughlin）如何登上成功巔峰。考夫林麾下有一名球員注意到，他強調「調整與奧秘」的團隊合作理念。要是足球隊員都可以適應這套「調整與奧秘」，那麼商界管理階層也可以。

管理階層與他們的組織不該被錯雜性驚呆或嚇壞，反該張臂擁抱它、享受它的本質。他們必須與它同樂，或者正如作家丹尼爾・品克（Daniel Pink）所說，他們應該張臂擁抱它並「放開玩」。[10]一點也不複雜！

第6章 策略規劃的錯雜性

一九七九年，商業策略大師麥可．波特（Michael Porter）第一次在《哈佛商業評論》（Harvard Business Review）發表經典傑作〈競爭作用力如何形塑策略〉（How Competitive Forces Shape Strategy），開宗明義便說：「制定策略的本質就是應對競爭。」[1]競爭是商業的決定性特徵，一如它是戰爭的決定性特徵。商業策略與戰爭策略常常被相提並論，理由很充分，特別是戰爭與商業之間的相似處所展現的錯雜性，明顯到難以視而不見。

在無論是領土、政治權力或消費者的荷包等戰爭與商業中，你都會遭逢左右夾擊或是四面八方與敵手相互競爭。主人公之間彼此都有連結與聯繫。高風險結合高不確定性。兩者都是開放性系統，無法擔保最終勝利，因為無論是軍事或商業戰爭都可能打個沒完沒了，還會隨著新玩家加入戰場，導致某些舊玩家退出或被淘汰而自行演化。

策略規劃被視為所有企業活動的基石，正如它是任何軍事行動至關重要、不可或缺的組成部分。策略規劃指引企業長期與日常活動與戰術，是企業的基礎，也是軍事行動的基礎。我們喜迎制勝的商業策略家一如我們喜迎出師告捷的軍事策略家。

儘管我們認知到策略規劃很重要，艾森豪曾說過一句備戰名言：「計畫總無用，但是做計畫勢不可免。」[2] 置身錯雜性情況下，他的觀點頗有道理。規劃具有珍貴價值，因為策略團隊在規劃期間被迫發揮創造力、預想可能的未來景況。練習規劃刺激學習與創造力，也有助應急計畫與風險管理。不過，唯有在用於打造計畫的假設性未來與真實世界的未來發展一致，嚴格遵守策略計畫才有道理。正因精確預測未來是不可能的任務，才使得計畫在戰爭打得火熱時毫無用處。

規劃期間經常被輕忽的另一項組成部分，就是其他利益關係人的行動；戰時指的是敵人，商界則是指企業的競爭者與顧客，還有企業內部的競爭勢力，因為員工與管理階層經常各有自己的競爭議程。一家企業的所有利益關係人，無論是明著來還是暗著來，都會制定並持續修改自己的計畫；尤有甚者，那些計畫可能受制於快速、根本性的變革。在甚至看似明確的情境下，有適應力的錯雜性都會違抗複雜性思維，利益關係人在這麼一場永不止息的舞會中，正持續適應並回應其他人的行動。

策略規劃的根本弱點，在於它屬於靜態、線性類型。策略規劃是基於未來願景，但是我們預測未來所能做到的最完善地步，就是從一個當前的角度想像未來會是什麼樣，假設未來事件都會類似過去一樣攤在眼前一覽無遺。因此，多數方案規劃充其量是線性推斷現有趨勢，這種做法適用於複雜性思維，因為複雜系統的打底規則與法規基於這麼一道假設：除了任何新科技之外，未來將是當前局勢的合理線性延伸。

但是正如我們觀察到，一大群椋鳥同心一致地飛行，在空中以美麗但隨機的模式轉向並翻身，這些存在於錯雜性系統中的模式，正以一種神秘難解、無可預期的方式持續變化。牠們肯定有模式，但模式都在持續自我演化無可重現、無可預測。消費者的購買習慣是相似的錯雜方式；競爭對手的行動錯雜；企業的內部文化錯雜；企業、它的目標市場與它的競爭對手之間的互動錯雜。為了業務規劃而以線性外推法延伸現有趨勢，經常得出十分不精確的預測，導致許多最周密的計畫迅速退化過時。

戰爭不複雜，只是很錯雜；策略不複雜，只是很錯雜。策略規劃是管理階層必須從複雜性心態過渡到錯雜性心態的關鍵區域。

策略與錯雜性

管理錯雜性的關鍵要求之一，是必須持續觀察並回應模式與趨勢，而非聚焦固定目標，也就是保持第五章所說「管理之道，而非解決之道」的錯雜性心態。簡言之，發展一套策略就是檢視模式與趨勢的管理功能，並為企業的長期營運制定總體方向。策略涉及採取長遠眼光，而非聚焦企業日常營運與結果這類比較平凡的戰術決策。策略性思維啟動許多企業向前推進的決策和行動。

選擇一套合適、靈活足以因應突發事件的策略，因此可能是企業成功管理錯雜性能力的主要組成部分。但是，就像多數事物都與系統性思考有關，我們看到任務本身並非那麼簡單。正如本章將試圖明確指出，策略本身就是一門展現所有前述錯雜性特徵的領域，包括連結性、模稜兩可、反饋循環、隨機性、乍現、適應性和非線性關係。

企業的策略方向正位於一整組錯雜性系統的所在地，你要說它是被「錯雜性包圍而成」的集合體也未嘗不可。企業是產業的一部分，然後才是全國經濟的一部分，最終又是全球經濟的一部分。往內看，一家企業的策略，某個程度上決定企業文化、主流的企業價值與企業所採用的管理實務。所有這些企業決定，反過來又將影響企業員工，與他們在整個社會的互動。當然，企業員工如何回應策略以及用來制定這些策略的戰術，也會反向循環影響策略執行的成效，以及一旦變更策略，各方接受並管理的程度。在這種方式之下，策略設定就變成錯雜性系統的樞紐，個別來說都很錯雜，集結成一體也一樣錯雜，等於是錯雜性層層交疊。

因此，企業的管理團隊在制定策略性決策，以及或許更重要的是實施並管理這些決策的後果時，明確承認錯雜性存在，這一點至關重要。就像在錯雜系統進行管理的所有面向一樣，管理階層論及自己的決定與行動時採納一種虛懷若谷的態度，這一點不可或缺。對某一套特定策略性決定變得過度專一，可能是商界管理階層最不利的特徵之一。雖說堅守並相信某一道想法是成功的必要條件，因為即使最出色的策略推行時也會面臨障礙，需要時間醞釀並獲得認可，但理解錯雜性的管理階層，將隨著整體內、外部業務系統正在適應並發展，持續關注原始的假設與決定是否依然有效。即使最成功的策略也不會永遠成功，企業必須隨著商業環境演化自我調適策略。

●哈佛超級十傑：羅伯．史諄吉．麥納瑪拉

或許沒有人比羅伯．史諄吉．麥納瑪拉更適合當作戰爭規劃與策略商業規劃之間相似性

的縮影。羅伯．麥納瑪拉是所謂哈佛十傑中的佼佼者，乘著一九四〇年代的「管理階層即技術官僚」浪潮成為產業與軍事圈的領導人。就前者而言，他以外部人士之姿升上福特汽車公司執行長；就後者而言，他在美國兩任總統約翰．甘迺迪（John Kennedy）、林登．詹森（Lyndon Johnson）麾下擔任國防部長，最後以世界銀行（World Bank）行長身分畫下耀眼職涯的句點。

麥納瑪拉先在加州大學柏克萊分校（University of California at Berkeley）拿到經濟學位，輔修則是數學與哲學；一九三九年又在哈佛大學拿到企管碩士學位。他曾短暫做過會計師，之後回到哈佛商學位任教。他的學術訓練強烈影響他的思想，堪稱理性經濟人的榜樣；他對廣泛分析充滿信心，據稱會公正根據嚴格合理的數據分析做出決策。正當複雜性思維的信仰在美國方興未艾，他是科學管理和複雜性思維的模範人物。

二戰期間，麥納瑪拉曾在美國空軍統計控制部門（Statistical Control Unit of the U.S. Air Force）任職，與同儕採用一種紀律嚴明的數據驅動方法分析所有的戰爭面向；從採購部門到轟炸機的效能，統計控制小組似乎什麼都可以計算。之前軍事圈偶爾會出現不一致和混亂的決策方式，相較之下，統計控制團隊支援的這套分析制定決策風格不帶絲毫情緒、客觀理性，而且產出更有成效、更高效率的行動。戰後，麥納瑪拉和九名統計控制部門同僚一起加入福特，持續應用科學管理和理性、數據驅動的分析手法提高效率與決策能力。這批人任職福特集團期間時被貼上「哈佛十傑」標籤，麥納瑪拉就是公認的群龍之首。麥納瑪拉在福特內部很快就一路扶搖直上，一九六〇年成為首位非家族出身的福特汽車公司總裁。

麥納瑪拉坐上大位還不到三個月，就被甘迺迪徵召擔任國防部長，連同繼任的詹森在內一做就是七年。據推測，他受命執行的工作就是持續關注複雜、數據驅動的思考方式，並將它內嵌在武裝部隊的策略性規劃與行動中。他滿懷熱情執行這項交辦任務。

倘若麥納瑪拉的傳奇職涯就此打住，那麼它算是一則複雜性思維的強力範例。麥納瑪拉的方法有一套基本假設：有成效的管理技術，是要將問題解構成各自的組成部分，接著分析存在這些組成部分中的明顯趨勢，並暗中假設那些趨勢或模式將會持續，然後採用統計預測工具預判未來，再比較替代策略的結果，最後便是選擇最佳策略。這套技術是複雜性思維的命令與控制思想典範的經典應用，背後有科學管理原理支撐，並由電子表單分析所驅動。它直接來自商學院教室，展示一種解決複雜性思維和決策問題的教科書做法。

無論如何，麥納瑪拉的職涯一路飛黃騰達，直到成為國防部長為止：哈佛最年輕教授、一九六三年登上《時代》雜誌封面、擔任全球最強大企業之一的總裁（儘管為時很短），然後是國防部長。遺憾的是，隨著時間拉長，麥納瑪拉卻緩慢、痛苦地領會到，他一生嚴格遵守的複雜性思維實有嚴重局限。

與麥納瑪拉最切身相關的事件就是越戰。他管理越戰的觀點和方法，堪稱人生第一場重大失敗，策略性規劃採用的複雜性思維方法弱點一覽無遺。但是也可能是社會上有一股緩慢但持久的重大變化，這道變革的催化劑導致人們重新評估複雜性策略規劃的效力。

二戰後，西方經濟蓬勃發展，尤其是美國經濟。全民渴望產品與服務的需求壓抑良久，美國各大企業為了供不應求開心得合不攏嘴。一九五〇年代，是尋求製造與行銷效率的企業集團結構崛起的好時機；一九六〇年代，投資美國領先五十家企業的「漂亮五十」（Nifty Fifty）股票被視為一道保證財務成功的公式。基於改良技術和管理績效，也基於將科學管理原理應用於行銷與銷售，美國經濟成長似乎信心滿滿。

繁榮引領消費者根據想要而非需要做出決定，如日中天的創意廣告代理商則是強化這股趨勢，它們基於科學測試消費者行為的詳細結果推銷各種產品，就本質而言，就是在創造一股大蕭條時代根本就不存在的需求。郊區、購物中心和汽車文化崛起加速消費趨勢，便利性與生活風格成為消費者及美國各大企業關心的問題。這些消費者需求都是基於內心情感而非實質需要。

美國境內受到「花的力量」（Flower Power，編按：反越戰人士將頭上戴花當成和平訴求）人口變化影響，這股情緒也開始轉移，隨著嬰兒潮開始在商界與政界發揮力量，微妙但深刻的變革開始發生。

在相對繁榮和變動的背景下，越戰和冷戰（Cold War）是決定性因素。越戰可能是美國歷史上最被嚴密分析的事件之一，或許僅次於美國內戰。麥納瑪拉與他的科學分析扮演關鍵角色，許多出於各種原因反戰的人都嘲笑它是「麥納瑪拉戰爭」。

無論是否有麥納瑪拉與他的科學決策方法，美國在越戰中的角色都充滿爭議。不過麥納瑪拉堅持打一場「電子表單大戰」，有些人視之為麻木不仁，其他人則認為，就策略而言此法堪稱目光如豆。戰時產生的數據有效性存在重大問題，或許更重要的是，無論數據是否有缺陷，它無法揭示許多與最終影響決策及戰爭結果的要素相關的事情。舉例來說，這些數字無法捕捉的最重要元素之一，即是北越的決心；除此之外，儘管有些時期南越在武器與資源方面具有物質優勢，但他們顯然沒有能力付出重大努力。套一句北越共產主義武裝部隊首長胡志明（Ho Chi Minh）的話：「我們每殺死你們其中一人，你們其實可以殺死我們十個人……但即使在這樣的勝率之下，你還是打輸、我們打贏。」[3]

許多人提出原因解釋美國在越南一敗塗地，包括誤判實地情況與越南文化，到錯估人員傷亡數據以至於誤導戰爭走勢分析。儘管有這些解釋，發生在越南的事仍有軍事實力以外的力量發揮作用，它們並未涵蓋在麥納瑪拉憑恃的分析結果中。二戰期間看似十分管用的做法套用在越南境內卻完全失靈。戰爭的策略性規劃與物理定律不同，根本無法重製。

麥納瑪拉退休後自己從個人角度提出戰爭的廣泛分析，包括他完全參與二〇〇三年知名電影導演埃洛．莫里斯（Errol Morris）執導、取名恰如其分的紀錄片《戰爭迷霧：麥納瑪拉的十一條人生經驗》（The Fog of War: Eleven Lessons from the Life of Robert S. McNamara）。這支紀錄片部分基於麥納瑪拉與布萊恩．范德瑪（Brian VanDeMark）在一九九五年合力撰寫的回憶錄《回顧：越戰的悲劇和教訓》（In Retrospect: The Tragedy and Lessons of Vietnam）。[4] 在電影與回憶錄中，麥納瑪拉回顧擔任國防部長時期的思考方式與行動，列舉一連串值得學習的教訓。他的某些思想，格外與試圖理解策略性規劃與錯雜性之間有何關連的管理階層息息相關，因為它們都來自他那個時代最著名的一位複雜思想家；[5] 尤其是，麥納瑪拉在紀錄片中強調了三堂教訓，值得我們用錯雜性策略規劃角度檢視。

第一堂適用的教訓是：「理性救不了我們。」有鑑於麥納瑪拉坐擁理性分析和制定決策的聲譽，這是最不尋常、最出人意料的陳述。不過他這句話等於直白承認，整體而言人類並非總是以理性方式行事。人性會起作用，而且人性不是機器、也無法像機器一般運作。當我們談到文化或政治時，這一點格外真實。麥納瑪拉再以這句話「你無法改變人性」補強他的見解。

這堂教訓對策略性規劃顯而易見。人性就是人性，並非總是我們希望相信或認知的內涵；尤有甚者，它受限於變革。正如先前所討論，基於理想的「理性經濟人」著手規劃，將可能產生誤導性的分析與解釋結果。策略性規劃必須從最廣泛層面考慮到文化。在當今社群媒體世界，文化定義可以不受地理、種族或宗教分野所局限。時局日益全球化，文化概念正變得越來越多變，以至於個人在單單一天裡就可能接觸到好幾種不同文化，包括母文化、專業文化、體育文化、年齡相關文化，甚至諸如汽車或集郵等某種特定嗜好的文化。某一種文化人認定的理性，在另一種文化人眼中可能是非理性。理性轉變為策略規劃者創造挑戰與機會，不過對複雜思想家來說這些挑戰最艱難，但對那些從錯雜性角度思考的策略性思想家來說，這反倒代表更多機會。

麥納瑪拉與其他人誤判北越的決心，他們也誤判美國老家生變的政治情緒。事後看來，似乎就是這兩大要素凌駕其他原因，足以解釋為何美國與麥納瑪拉不僅在海外打輸戰爭，也在國內輸掉全體選民的支持。這不必然是錯誤解讀數字，更是缺乏認識並領會數字無法傳達的重要元素。

麥納瑪拉在回憶錄中概述的第二道教訓是：「我們沒有意識到，我們的人民與我們的領導者都不是無所不知。」這句陳述直接跟著「理性救不了我們」而來。一套策略計畫可能被視為萬無一失（即無所不知）或一無是處，但兩種認知都不完全準確。雖說人們計算、解釋、判斷與實施期間都會犯錯，他們並非無所不知這項事實，其實不能否定他們思考、分析和判斷的價值，只不過意味著，無論制定出多麼完善的計畫，都有必要持續尊重任何類型計畫出錯的可能性。這不是意指取消計畫，而是體認錯雜性的存在，也就是說，無論人類心智多麼完善地預測未來都有局限。

我們可以從麥納瑪拉學到關於策略規劃的最後一堂課，也就是他在回憶錄中提供的最後一堂課：「我們未能意識到，國際事務正如生活的其他方面一樣，都可能出現找不到立即解方的問題。」他繼續解釋：「有時候，我們很可能必須生活在一個不完美、不簡練的世界中。」這句話可以解釋為直接承認，關鍵在於首先得確定自己面臨複雜或錯雜哪一類系統，然後學會接受，在錯雜性存在的情況下，「也許」是可能結果。

複雜性思維屬於「井然有序、整齊乾淨」的世界，錯雜性則代表不完美、不簡練的世界，這是多數管理階層最常發現自己所處的環境。麥納瑪拉或許遺憾自己一生的職涯中都不曾承認這道事實。似乎他的回憶錄也做出同樣暗示。遺憾的是，人往往很難在「當下」學到教訓，對麥納瑪拉來說尤其如此，因為他當時就是採取複雜性思維大展鴻圖。通常唯有時間與反思，才能學會並領略這類教訓。

總之，對策略規劃者來說，麥納瑪拉的反思非常有趣、有見地而且彌足珍貴，因為麥納瑪拉被認為是理性策略分析與複雜性思維的模範人物。

紀錄片尾聲，麥納瑪拉如此解釋「戰爭迷霧」的意涵：「戰爭迷霧就是指，戰爭如此錯雜，人類心智能力遠遠無法理解所有變數。我們的判斷、理解都不足以勝任……」[6]這句評論有幾處值得討論。首先，麥納瑪拉此處使用的「錯雜」實指「複雜」；其次，他的陳述本質上是在隱喻，掌握更優質數據與更全面分析、許多先前經歷過的問題終究可以被解決。但錯雜性科學實是指出反面情況，策略規劃者應當將這點納入考量。一點也不複雜，只是很錯雜。

波特五力分析

眾所周知，就算不是無法優化的不可能任務，亦即就算不曾意識錯雜性存在，策略設定本身就很困難。在很大程度上，這就是為何實際上也算得上是策略長的企業執行長坐擁天價薪酬的原因。學界、商業分析師與策略顧問，為求策略決策分析更易於管理，紛紛為策略分析與規劃開發多元模型、概圖與架構。

雖說業界存在許多人氣爆棚的策略架構，就指導策略分析而言，最廣獲眾人追捧的架構就屬波特五力分析（Porter's Five Forces）。波特五力分析是由哈佛大學商學院教授麥可．波特在一九八〇年出版的著作《競爭策略》（Competitive Strategy）中概述。[7]波特的架構有助普及化、標準化策略分析，並提供嚴謹的學術基礎、合理化策略分析實務，即使至今離初次出版已逾三十年，仍穩坐策略規劃的核心。

波特的五力如下：（一）新進者的威脅；（二）替代產品或服務的威脅；（三）供應商的議價能力；（四）顧客的議價能力；及（五）產業內部競爭的激烈程度。企業採用五力架構分析自己在產業內的策略地位並開發戰術與策略，進而改進或至少捍衛自身地位與獲利能力。將這套架構放在錯雜性顯微鏡下檢視，也能提供一套很管用的架構，足以闡明策略規劃的挑戰以及錯雜性在理解商業策略時扮演的角色。

我們在錯雜性脈絡下思考波特的架構前，且先回顧第四章提到錯雜性崛起的基本要素。它們分別是：（一）幾種不同的媒介；（二）這些媒介採取某種方式連結的能力；（三）這些媒介學習並因此適應或做選擇的能力。我們按照錯雜性的組合要件套用波特的五力架構，很容易就能理解並領會，策略規劃是一門錯雜工作。波特五力分析模型在打破策略分析、解構成可以消化的組成要件部分做得十分出色，但是它也提供一套理解錯雜性如何深入策略的架構。當我們檢視波特模型的每一道組成要件時，很明顯都可以看到錯雜性的所有基本要素。

波特模型的目的就是依序檢視五大組成要件，然後分析一家企業的相對優勢與劣勢，以及現存的威脅與機會。一套通透周詳的波特分析，可以讓策略師更清楚看見，影響企業的諸多要素環環相扣，進而提供企業如何採取最成功方式向前邁進的藍圖。

試想一下波特架構中的第一道要素：潛在新進者闖入產業裡。在我們這個日益全球化的世界，新進者的潛力處於不斷的變動中。有鑑於全球融資便捷，新進者的融資手段變得越來越難以預測。三十年多前，波特最初發展他的模型時，世界經濟正日益全球化，但速度與程度都遠不如現代。除此之外，有一點越來越明顯，亦即有些特定產業具有重要策略意義，以至於發展中國家若不是自行開闢一門全新產業，就是格外積極主動培育自家新進者進入這些產業。這些具有重要策略意義的產業實質存在，就是波特在同類著作《國家競爭優勢》（The Competitive Advantage of Nations）提出的理念。[8]

諷刺的是，其中一門確定新進者演化動力發展最快的產業，就是資本市場與金融市場。發展中國家正領悟，強大的資本市場是培育各種構想的關鍵決定因素，相對也將會驅動經濟發展。因此，即使全球股市已經經過一番整併，金融交易所的數量仍持續增加。金融市場擴散會反過來推升可用金融產品的數量，也大幅提高全球市場的精細程度。全球金融產品和構想的交易量持續成長，很大一部分源自新進者闖入這套體系中。

新進者的威脅與它們可能產生的潛在影響，是許多事物的一種作用。在很大程度上，這種作用取決於一門產業內已知的吸引力，反過來說，這股產業內已知的吸引力則取決於環境。從策略觀點來看，許多已開發世界的成熟產業相對不具吸引力，但是各界對開發中國家的看法卻可能截然不同。

隨著經濟變動，從一種基於製造諸如汽車與冰箱等實體成品，轉型成基於好比科技打底的產業所提供的概念與構想，培養產業觀點的單純作為也隨之改變。舉例來說，iPhone 不僅是概念性產品，也是實體裝置；網路世界則是另一道幾乎純粹是概念化的例子；就傳統意義的製造設備來說，Google 沒有實體產品，但是有些人會主張反對這道論述，說 Google 實際上是打造一門全新產業。

允許用戶叫車的應用軟體優步（Uber）與 Lyft 則是另一類破壞式科技，打從根本上改變計程車產業，並迫使我們換位思考，究竟新進者帶來什麼威脅。計程車明顯是貨真價實的實體，但優步與 Lyft 卻是不擁有車隊、僅提供手機應用軟體的公司。它們不是提供新進競爭者，而是提供全新的經商方式。

新進者的威脅，以及包括籌集資金、興建製造工廠、融資與推行創意等能力的各式進入壁壘，如今都已經改變。隨著金融經濟日益全球化，新企業的融資障礙已經顯著降低；更重要的一點是，創建構想幾乎毫無阻礙。打從波特第一次開發他的模型以來，這一點大幅改變確認新進者威脅的計算方式。

在構想叢生、成為促使新進者崛起的催化劑之脈絡下，最重要的後果或許是構想閃現的速度遠遠快於製造工廠。複製構想也更快速，而且很難像推銷實體產品的品牌那樣打造構想的品牌，於是新進者補強構想這個角色的做法，就是化身為替代性產品。舉例來說，你化身智慧型手機競爭者兼前任霸主行動研究公司（Research in Motion；編按：黑莓機製造商）的角色檢視iPhone時，質問iPhone究竟是手機市場的新進者（指供應商蘋果公司）還是替代產品便很合理。答案是可能兩者兼具。

構想不是線性發展，構想通常也高度連結，而且它們都倚靠連結求成長；它們自我演化，並從其他構想中浮現。當然，每當我們觀察到非線性、連結性，我們就有可能會觀察到錯雜性。試舉網路服務供應商美國線上（AOL）與瀏覽器網景（Netscape）為例說明。它們都是早期網路時代領域內的霸主，當時家用電腦正進入無所不在的高速成長階段。美國線上與網景分別是第一批構想出個人網路服務供應商、網路搜尋引擎的主要企業，但是有關網路產業發展的創意想法激發高度多元化的網路供應商，其中Google迅速在搜尋引擎中占據幾乎壟斷的地位。這些例子顯示一種策略分析與古典經濟理論都說不該存在的結果分歧性。

因此，假使創意點子與破壞式科技都被視為重要的競爭要素，那麼我們在分析新進者的威脅時，就必須將錯雜性納入考量。

錯雜性也在波特模型中第二項組成要件「買家的相對權力」中扮演重要角色。舉例來說，網購問世大幅改變消費者的購物習慣，以及隨之而來的買家權力。某人即使不在網路上購買產品，也很可能會受到媒體影響；網購也大幅促進消費者比較各方價格的能力，線上比價的易得性對實體零售門市產生革命性影響。

沒有其他例子能比亞馬遜衝擊圖書零售業的影響更明顯。即使早在諸如Kindle之類的電子閱讀器問世之前，讀者的購書習慣在亞馬遜進入書市後就已經大幅改變。由於實體書店無法與它競爭價格、便利性甚至服務，迅速接連倒閉。這道發展不僅影響區域型與獨立書店，也衝擊諸如疆界（Borders）這些昔日的產業巨人。如今書店具備的唯一競爭優勢就是即時性，因為你只要開車到當地的書店，馬上就能找到精裝書。但是即使這道優勢也正被日易普及的電子閱讀器銷蝕了，它幾乎是立即提供你想要的書，你甚至無需離開椅子。尤有甚者，書商充當品質評判者的角色也被線上評論取代，而且它們都唾手可得。群眾智慧借道線上評論充分展現，幾乎完全取代好比讀書俱樂部或《紐約時報》書評專欄這類傳統文學品味鑑賞家的影響力。

線上顧客評論的後果之一，就是很大程度來說企業都無法掌控他們的訊息。網路與其他非主流媒體對外擴散，墊高企業改變自家訊息、重新借力廣告打造品牌的門檻，進一步複雜化它們的行銷挑戰。網路與多元媒體來源借道智慧型手機之類的行動技術，取代諸如廣播電視與重量級媒體這類傳統的廣告管道；社群媒體觸及消費者，提供後者發表評論影響其他人的力量，進一步又讓企業更難以掌控自家訊息並打造品牌。

線上評論是錯雜性力量改變企業與消費者之間動態關係的例子。企業與顧客孕育強固的關係，就能正面影響自己的線上品牌與存在感；若管理不當，線上消費者的力量可能對企業品牌造成無可彌補的損害。無論好壞，對主掌策略的管理階層來說，買家可以快速改變品牌定位與價值，增加了評估與管理買家力量的錯雜性。這是連結性與錯雜性的力量以及它們如何改變策略發展的另一道例子。

波特模式的第三根支柱是全新替代品的威脅。如前所述，在科技世界中，全新替代品的威脅格外強烈，因為替代品是創意點子而非實體產品。全球化加上生產製造、上市時程日益加速，替代品的威脅可能是尚待討論、最多變、最動態的外力。

舉例來說，假使３Ｄ列印技術持續依照目前步調快速發展，很可能在相對不遠的未來，家家戶戶都會擁有自己的製造設備，正如現在幾乎每戶家庭都至少擁有一部電腦一樣。如果３Ｄ列印技術成為家用品的假設成真，產品便將真的成為虛擬產品，產業變革的腳步就會以一個數量級（編按：通常是指十倍）的幅度改變。這道發展可能導致由產品開發者組成的龐大家庭手工業崛起，並讓「在車庫裡搞出名堂的發明家」重現江湖，就和iPhone激發一大票App開發者組成龐大家庭手工業一樣。

波特模型的第四根支柱是供應商的力量。波特最初開發模型時，在市場脈絡下的供應商就是製造商或是專用零件供應商。它們也都是大宗商品供應商。在實體產品世界中，這些依舊是重要元素，但是隨著製造持續轉至成本最低、效率最高的供應商手上，越來越多產品出於生產目的而外包。對製成品而言，所有製造流程都可交由供應商搞定，企業本身存在僅是為了提供設計與行銷服務。

舉例來說，就傳統意義而言，體育用品商 Nike 並未製造任何實物，該企業幾乎所有產品都是由第三方供應商完成。Nike 是一家只為了設計與行銷目的存在的企業。這種模式打從基本上就與諸如福特這類傳統製造企業截然相反，後者的知名製造據點紅河（Rouge River）已經為了生產汽車充分整合完畢。許多企業與 Nike 一樣，為了實現管理錯雜性所需的彈性，本質上都已經變身虛擬企業。

但是就大宗商品而言，供應鏈中有一股與眾不同的動態正在發揮作用。將大宗商品交易視為投資或投機工具的金融工具崛起，已經改變製造商必須如何與大宗商品供應商打交道的動態。即使市場最大龍頭也無法掌控市場動態影響大宗商品價格，反而是隨著投機者的期望起落，而投機者則是取決於他們對未來的判斷。大宗商品的金融市場就像所有金融市場一樣，表現出錯雜性具備的尋常特徵，包括連結性、非線性、適應性與乍現。企業掌控自家大宗商品成的能力，已經演化至容易受到易變的市場驅動的過程所傷害。

最後，我們進入波特模型的最後一根支柱與中心點：既定產業內部競爭的激烈程度。產業內部競爭取決於許多因素，再次可見它們呈現錯雜性的特徵。優步對上計程車公司、亞馬遜槓上實體零售商，或是Nike這類虛擬企業強碰傳統製造商，我們檢視產業競爭關係時，看到內在錯雜性日益高漲的無數案例，這些都只是其中的少數代表。產業競爭的純粹本質讓我們很容易看見，錯雜性在波特分析的這道面向扮演關鍵角色。

影響產業的其中一道關鍵要素就是人口統計。在許多產業中，人口統計顯著影響產業結構和動態。對各式各樣技能熟練的工人的需求時強時弱，既定類型的勞動力需求與供給之間幾乎總是存在一段延遲期，典型範例發生在加拿大亞伯達省（Alberta）北部的油砂工程。這個地區人口稀少，但這項龐大工程對管線工與焊接工需求若渴，這意味著勞動力供應必須來自全國各地。這一點改變其他地區熟手和非熟手的供應狀況；有一項事實更加劇複雜化，亦即這幾股影響勞動力供需的力量是全球性的，而它又會反過來影響移民政策，增添另一種層面的錯雜性。

這些勞動週期幾乎發生在所有專業和科技職業中，法律、商學院入學、護理、物理、教學等方面都存在供需失衡的週期。這種波動有一部分原因源於人口統計與總人口年齡分布變化，另一部分則源於它受到區域因素所驅動，好比亞伯達省北部的油砂工程。有一項事實經常被忽略，亦即年輕工人渴望並期待自己的職業生涯或許可以和前幾代工人不一樣。現在，為單一企業賣命一輩子的傳統概念，看起來幾乎就像是二戰後那個世代的古怪遺風。可以戴上許多年的金表已經被 iPods 取代，後者是員工只要為單一企業服務滿一週年就可以得到的留任紅利。

正如加拿大人口統計經濟學家大衛・K・傅特（David K. Foot）在著作《榮景、殘景與回響》（Boom, Bust & Echo）中強調，不同國家的人口統計之間的驚人差異也會影響勞動市場的行為。[9] 總體而言，已開發國家正變得更老，部分亞洲與中東國家則是變得更年輕。這點差異為政府政策製造不對稱和衝突，也為國際人口流動帶來壓力。

但重點是，全球與區域勞動力人口統計的動態與生態系統中的動態非常相似，舉例來說，就像自然界狐狸與野兔之間的平衡波動情形。

隨著勞工移動更容易，一門產業中可用勞工的供應情形可能會在相對較短的時間內劇烈變化，之後又會反過來改變一項關鍵變數，亦即企業可能較勁彼此的員工素質，包括他們的創意想法與他們在企業內部創造的文化。體認到在一門產業內爭奪競爭優勢，並直接影響策略發展時吸引人才的能力才是主要元素，這一點很重要。創意滿點的思想者具備區分策略贏家與輸家的錯雜性心態，招聘這類人才日益成為企業的重要能力。

產業內的競爭也深受產業文化與產業內個別企業所具備的文化影響。所有產業的企業都是你爭我奪，但是在某些產業中企業競爭特別激烈。許多元素決定產業內的競爭程度，有些要素已經明確定義並廣為人知，好比企業之間的相對市場占有率與產業競爭程度、產業獲利能力以及產業的全球化程度。但是可以說，主要競爭元素之一是產業內部的變革速度。

產業變革或崛起越快速，就越可能加劇促進內部競爭。產業內部變革引領邁向全新競爭方式與等著開發的全新商機。試想一下一九五〇、一九六〇年代的北美汽車產業，在這些車業欣欣向榮的年代，車款外觀傾向於每二至三年就出現重大變化，反倒是當今的車款「外型」改變得比較慢；平均上路車齡也從三十年前的約莫五年，到現在幾乎是十二年。過去買家換車的次數頻繁得多，因此就有越多競爭的機會，當然也就競爭越激烈。隨著消費者品味瞬息萬變而且更頻繁購置新車，每二至三年車款大改造將會獲利更豐厚。搶贏新顧客的機會每二至三年就會出現一次，而非像現在得等上六或七年，因此過去你遭逢更多競爭。

就錯雜性而言，決定產業內部競爭的主要重點就是，某一家競爭者的行動會多強烈影響其他競爭者的結果，這一點會反過來受到企業之間交互連結的程度以及他們適應的能力所影響。在採礦這類技術含量相對較低的產業中，某一家競爭者的行動對其他企業影響有限，因為企業彼此之間的連結有限，企業改變或適應自家採礦業務的能力幾乎是零。但是在一個科技打底的消費者市場中，某一家競爭者的行動影響可能超級巨大，一如iPhone現身行動電話市場或是優步在計程車產業冒出頭。

波特五力分析模型的每一項元素，都內嵌一項錯雜性元素。模型的每一項元素都具備自身固有的反饋循環、非線性和乍現的源頭。不過，當波特的模型視為整體來看時，錯雜性就會成倍增加。這種情形有兩大主要原因。首先，這套模型奠基於前瞻性分析，因此經常被錯誤假設成，波特模型各個區塊中的每一名企業玩家對未來都抱持相對同質、靜態的看法。但是多元觀點真實存在，而且基於這些不同觀點所採取的行動，將會增添系統的錯雜性。再者是更重要原因：模型中的各個區塊彼此相連，供應商的行為影響產業玩家的行為，然後會反過來影響買家、供應商、替代者與新進者的行為。每一個區塊都以一種無可預測、經常違反直覺的方式，影響每一個其他區塊的行為與相對力量。

供應商的行為，就舉晶片製造商不足以充分生產高品質晶片為例，會影響產業內既定企業的競爭力。微軟推出遊戲機Xbox 360時，它無法迅速生產以便滿足需求，這種情形反過來導致Xbox在電子灣（eBay）之類的線上拍賣網站上奇貨可居。平衡的力量因此轉至替代賣家，也就是早期買家或可能是獨立投機客，他們上線兜售自己的遊戲機。隨著遊戲玩家你爭我奪一具供應短缺的遊戲機，供應不足可能在初期造成產品需求日益上升的影響；不過它也增強產業競爭者加速並提高自家產品供應的誘因，長期來說將為Xbox帶來更激烈的競爭。延遲也讓手持遊戲機與智慧型手機在遊戲市場搶得一塊遠比它們原可能爭取到的更大立足點。這讓遊戲市場引進包括iPad在內的一組新進者，然後又反過來催生一批新的遊戲應用程式開發商，它們正再一次改變遊戲產業的動態。

由於波特模型的每一個區塊都會影響其他每一個區塊的行動，因此企業玩家之間的連結性與當前它們適應、改變自家策略的速度便意味著，錯雜性與乍現都是內在固有的元素。因此，儘管波特的模型簡單易懂，而且以常理來說也相當合宜，但它真的就是一套精準分析、僅聚焦產業當前情勢的工具，而非預測策略規劃者最優先關心的未來態勢。因此它不是一套那麼適合策略性規劃的模式，而是一套解釋策略分析與結果中錯雜性這項關鍵角色的架構。

波特的模型沒有涵蓋的另一項重要考量因素，就是產業外部因素或媒介所扮演的角色。所謂因素就是政治、變化中的人口統計、變化中的觀點、自然災害，科技變革甚至是偶然性等因素。策略規劃者所扮演的角色確實很錯雜。

●場景和故事

波特五力分析提供一幅非常全面的產業現狀圖，但是它無法預測未來。波特分析所能做的一切，就是突顯當前存在的一些優勢、劣勢、威脅和機會。制定策略決策者最終必須根據他們對未來的看法、未來可能如何演化而做出決策。本質上來說，透過波特分析，制定策略決策者必須據此在未來的五或十年光景找到最佳企業定位。這一步需要長期預測與規劃的能力。

一九九一年，皇家荷蘭殼牌集團場景規劃負責人彼得．舒瓦茲（Peter Schwartz）出版探討策略規劃的經典專書《遠見的藝術》（The Art of the Long View），[10]全書主要採取一種立場切入：未來根本無法預知，傳統的策略規劃實則沒有必要，但該舉措對演練場景規劃依舊有建設性、有價值。這道觀點與美國前總統艾森豪聲稱「計畫總無用，但是做計畫勢不可免」相符。舒瓦茲採取和波特截然不同的做法探討策略規劃所扮演的角色，而且更與錯雜性一致。

舒瓦茲倡議將創造場景單單視為策略性思考的工具（或者就是我所說的錯雜性思維），而非預測工具。策略規劃就像說故事一樣。正如我們所知，故事都有轉折與起伏，故事中充滿驚奇與衝突、挑戰、問題與挫折。一則好故事就像一本好小說，也可以繼續上演續集，正如《星際大戰》（Star Wars）讓我們學會，或許也可以有前傳。

正如舒瓦茲在書中強調，如果你想要有能力規劃未來，就不能採用常規的資訊來源，也不能單單從過去經驗推斷。未來永遠持續演化，基於當前知識與趨勢的策略規劃可能會有誤導性，還會錯過商業環境中的典範轉移。

對舒瓦茲來說，所謂的完善場景就是引領我們提問更適切的問題。請留意，這一點正好與波特五力分析的策略分析鮮明對比，後者把提供更適切的答案當作目標。場景不提供答案，但提供可能性。完善場景涉及製造連結並讓元素具體可見，比較像是腦補並概念化，而非分析；也比較具有創造力與主觀性，而非客觀、理性。正如舒瓦茲的書名所隱喻，策略規劃與分析比較是「藝術」而非「科學」。

管理策略師亨利．明茲伯格是另一位聲名遠播的學者與顧問，也對隱含在策略規劃中的複雜性思維抱持懷疑論。明茲伯格投稿《哈佛商業評論》，文中主張，策略規劃與策略性思維之間存在明顯差異。[11]在明茲伯格的定義中，策略規劃是在分析事物本質，對想要在自身所處產業成功競爭的組織來說，是一場價值與實用性有限的客觀練習；策略性思維卻是有關事物可能與應有本質的長考，既是無法被編纂成典的練習，也不受成功採用架構或概圖約束。明茲伯格的論點就是「最成功的策略是願景，不是計畫」。[12]

對明茲伯格而言，策略性思維是一場錯雜、混亂的練習，不受倚賴複雜性思維與分析的架構所限。正如舒瓦茲同樣暗示，當前實踐的許多策略規劃都涉及從現有構想中推斷，而非創造新穎構想。明茲伯格的論點也因此與策略發展是一場錯雜活動的主張相符。

總結想法

對許多執行長與商界專家而言，承認策略很錯雜可能讓會他們覺得顏面無光。策略很錯雜這項事實意味著，所有表面上讓人不悅的錯雜性特徵都會在策略規劃中脫穎而出：無可預測性、缺乏可再製性、缺乏掌控性、偶然性作用、隨機性，以及無法採用優越技能、知識與複雜培訓。不過檢視它的另一種方式就是，默默在心中採用錯雜性設計的策略比較可能帶來一場長期的競爭成功。也就是說，靈活、有創造力的企業，會槓桿連結力、具備回應模式的能力，而且備妥一套善用領導者錯雜性心態的策略，就是一家更可能獲得競爭成功的企業。

強力、能幹的管理階層應該欣然「策略規劃與推行實屬錯雜」的想法。在複雜領域獲取能力相對容易。就本質而言，若說複雜性思維是成功之鑰，那麼我們該做的事就是每一次都接受適當培訓並完成適當程序。若說光是公式化並推行策略就夠，那麼管理階層的角色就降格成大宗商品，可以被電腦或策略機器人所取代。

不過，由於策略很錯雜，稱職管理階層的角色就永遠不受電腦競爭侵擾。電腦與機器人十分適合處理極端複雜的問題與情況，卻無法思考或處理錯雜性。唯有真人管理階層主動發展並信任自己的智慧，同時學會擁抱錯雜性，終將成功處理策略的錯雜性本質。一點也不複雜，只是很錯雜。

第7章 錯雜性經濟

經濟是企業營運的架構，也是管理階層管理的環境。傳統學術經濟學將這個世界描繪成複雜系統，自從亞當・史密斯（Adam Smith）出版享譽文壇的專書《國富論》（The Wealth of Nations）以來，複雜性思維就主導經濟學研究。

各界公認《國富論》是奠定經濟學研究的巨著之一，儘管史密斯的傑作距今已有近二百五十年歷史，文中所述想法仍構成當前許多經濟思想的基礎。《國富論》闡述史密斯的知名比喻「看不見的手」。這隻「看不見的手」描述經濟這套體系如何運作，被視為個別媒介的自身利益、貪婪、理性和經濟個體，就像是被一隻「看不見的手」導引產出最被渴望的經濟果實。從歷史來看，這套論述催生一種理解經濟學的方式，即是站在一種實際上為產品與服務定價的供需平衡點做出預測。《國富論》奠定一道視經濟學為複雜系統的基礎，亦即經濟學發展出來的支配性典範。不過現在有其他觀點正在挑戰那種思考經濟學的方式。

本章探討經濟學領域中一些持續演化的構想，特別是錯雜性思維正在改變經濟學家如何看待世界所扮演的角色。錯雜性日益被視為一種解釋、理解經濟學許多領域更適切的替代做法，好比市場崩潰發生、時尚潮流發展等。不過，錯雜性經濟這門研究領域尚處於起步階段，因此仍舊遙遙落後古典經濟學。

我提出兩道在不同經濟時期中占據統治地位的企業比較個案，以便闡明，現代管理階層置身當前的經濟環境中，他們必須發揮作用的功能已然改變。第一道是比較兩本財經雜誌《富比世》（Forbes）與《快企業》（Fast Company），前者自一九二〇年代創刊至今屹立不搖，後者則是一九九五年進入數位時代才問世的現代刊物。第二道則是比較一九六〇年代工業財團代表ITT與當前世代的企業代表臉書。

●古典經濟學

幾乎每一名商學院學生，至少都要修習一學期或更可能是兩學期的經濟學，「宏觀經濟學原理」與「微觀經濟學原理」是全球各家大學的主修課程。眾人慣稱的「宏觀」與「微觀」已經為好些世代管理階層、政治家、監管單位以及一般大眾，奠定經濟思想、計畫與政策的基礎。

傳統或古典經濟學奠基於複雜性思維。古典經濟學採用簡化論的思考方式，假設個人可以簡易地將完全理性行為擴展成為集體行為。這是一套思考系統，假設在負面反饋循環與日益遞減的報酬率之下，到頭來總是會取得平衡與渴望的狀態；這是一門認定趨勢可以預測、薪資與價格可以採用供需曲線加以解釋的領域；這是一門學科，催生思想的競爭學派，自從正式的政府組織成立以來，它們強烈影響政府政策；它也是一門獲封「悲觀科學」稱號的研究領域。

傳統經濟學這門提供預測經濟結果規則的學術領域很誘人。經濟學的金科玉律奠基於少數人會出言反對的合理原則，包括：萬物平等，個體寧可坐擁更多而非更少財富；萬物平等，個人最先謀求自身利益，而非關心共同或公共利益；萬物平等，個人會被可以讓自己快樂的活動吸引，避開讓自己不快樂的活動；萬物平等，個人享用任何商品與服務終究會生膩，因此隨著越來越多同類商品變得唾手可得，需求的成長率將會下降，商品價格也會下降。問題在於，由於現實生活中少不了錯雜性，「萬物平等」難得一見。

因為經濟學家採用這套簡單的金科玉律推論出廣泛的數學定律，傳統經濟學也因此變得很誘人。古典經濟學允諾提供秩序、可預測性與掌控性。正如第一章與第三章所述，這些都是吸引個人、管理階層、監管機構和政治家的特徵；實際上，它們吸引任何幻想有可能預測、管理未來的人。很大程度上，經濟學掌控供需或價格，進而提供個人一種可以預見、掌控未來的幻想。經濟學的允諾是隱身在薪資與價格控制、農地補貼、生產配額、中央銀行制定利率以及監管公用事業背後的基本原理。

一般公認，經濟學相當成功地解釋許多全球與在地商業體系的現象，但是或許它犯的錯還遠大於它締造的成功。經濟學的重要成功在於描述、預測「封閉系統」中會發生什麼事，因為內部的交互作用完全不受外在影響干擾。舉例來說，有一名賣家、一群買家和單單一項大宗貨品或產品求售。供需分析可以協助決定這項商品值多少錢。然而，商業與管理所處的環境的都不是封閉系統，在當今世界更是如此。所有商品與服務的競爭市場都是全球性的，新競爭者與新產品持續湧進全球經濟這套「系統」內。消費者對商品的需求三天兩頭就變心、勞工的技能與需求日益演化，企業也持續生產全新商品吸引消費者。所有這些都發生在破壞式構想與產品的現實脈絡下。

解釋供需分析的最簡易觀點，可能在早期比較有效，當時消費者的行動更聚焦滿足基本的食物、衣服和住房需求。但是隨著消費者的基本需求獲得滿足，就出現更錯雜的元素影響消費者決定。這道從需求經濟移向渴求經濟的轉變，迫使複雜性思維轉向錯雜性思維。

舉例來說，連鎖咖啡龍頭星巴克（Starbucks）開始販售比傳統咖啡店昂貴的產品。雖然星巴克的咖啡通常是採用優質咖啡豆煮成，但是很難說單單咖啡豆品質就能合理化星巴克訂定的巨大價差。星巴克聚焦門市內部裝潢更帶有諸如「文青味」的無形品質、提供優質咖啡的高大上效應，以及選購咖啡的客製化做法，讓顧客可以依據牛奶濃度、甜度自選不同組合的飲品。星巴克把一般認定是大宗商品的咖啡，化身為高度可客製化、獨特個人飲品的體驗——把重點畫在這裡，就讓古典經濟學超越二維供需圖，導入諸如個人化、「文青味」與「顧客體驗」等定價和經濟因素，遠非簡單的二維供需圖（及相關的數學應用）可以輕易應付。古典經濟學將可能預測，對一項大宗商品收取更高費用恐怕會嚴重限制產品需求，但是星巴克改變顧客看待咖啡的態度，也將購買咖啡的行為從單純添購一項大宗商品，變成更主觀的「飲品體驗」。星巴克的成功是古典經濟學理論崩潰的簡單範例，也是一家企業如何善用錯雜性創造典範轉移的範例。

古典經濟學思想的另一道特徵，是相信人們可以在微觀經濟學範圍內採取由下而上的觀點理解經濟，在宏觀經濟學範圍內採取由上而下的觀點管理經濟。舉例來說，經濟衰退時期，中央銀行與政府經常出手干預以支撐全國經濟，便是基於經濟可以像修理手表一樣「被修復」的信念。這是一種倚賴簡化論思維與線性思考的典範。這種信念會產生一種結果，亦即我們身為個別經濟媒介（無論是消費者或製造商）所採取的行動可以被獨立分析，而且我們匯集與總和的集體行動會在市場中創造觀察得到的經濟成果。不過現實通常錯雜得多，觀察到的淨經濟結果，幾乎總是與理性個體所預期的總體行動結果背道而馳。

以行銷為例。在一個市場驅動的世界中，消費者購買商品比較是為了滿足渴求而非滿足「需求」。這種結果很大一部分得歸功於廣告，它的目標就是要提升主觀的「渴求」成分，而非聚焦產品或服務的客觀「需求」成分。廣告旨在鼓勵更高度基於情感而非理由的購買行為。但是在一個錯雜世界中，聰明廣告手法不只是要影響個別經濟媒介產生動機，出於情感「渴求」某樣產品也會受到其他至少一樣強烈的刺激，好比考慮到其他人如何看待我們擁有某樣產品，以及我們如何看待這項產品可以為自己增添多少幸福感。我們購買許多產品時都相信它們會讓我們看起來比其他人更好，不必然是因為它們實際上真的能讓我們更好或生活更優。在很大程度上，我們的環境與連結的影響，驅動我們的購買行為。當然，這是錯雜性對效果和行動發揮作用，這道過程使經濟學中的簡化主義有效性受到質疑。

古典經濟學有一道相關假設是線性。就本質而言，古典經濟學假設，倘若你將輸入條件這類變數增加一倍，就會等比例地影響其他變數，好比產出雙倍的輸出結果。在數位或知識經濟裡，這一點完全不成立，而且隨處可見許多反例。無論是一個人或是一萬人閱讀你手上這本書，出版流程所花費的工夫都一樣；倘若人人都購買電子版就更是如此，生產這本書的第二本、第十本或第一千本電子版，都無須額外花費一丁點力氣或資源。輸入條件一模一樣，但輸出結果截然不同。一旦產品或服務「瘋傳」，這種效應格外明顯。試想一下，南韓流行歌手鳥叔（Psy）的音樂影片《江南Style》人氣爆棚，至今在YouTube上的點播率已經突破二十億次，並催生數千支即興完成的模仿影片。隨著音樂影片或任何其他產品或服務瘋傳，產品或服務的需求會一飛衝天，良性而非惡性的反饋循環便應運而生。越多觀眾點閱這支影片或購買產品，其他人想看這支影片或購買產品的需求就越大。古典經濟學的線性假設無法套用這類例子，但這種現象在網路經濟日益普遍。

均衡需求會強行施加限制，這是古典經濟學不受重視的核心層面。「均衡」幾乎是所有經濟學家產出數學建模的基礎；均衡是一道考慮到發揮經濟預測能力的概念，對採用經濟學原理的經濟學家與管理階層來說，這道概念提供我們解釋並預測的承諾，可說是一帖超強藥方。考慮到它的威力，均衡概念有點像是經濟學不可侵犯的聖牛。但是，真實世界中全球經濟的現實面普遍存在不平衡。顯而易見的是，經濟週期時有高峰、時有低谷；股市時有泡沫、時有崩盤；時而有像底特律這種幾乎可說是世界製造業之都在五十年內淪至破產的脫序錯位現象。經濟學家納入典範轉移，也考慮到經濟體在每一次典範轉移後都要尋找新均衡的需求，但是當全球經濟除了似乎只是一連串的脫序錯位與典範轉移之時，或許最好開始考慮，不均衡才是常規，均衡則否。

在諸如重工製造等傳統產業中有個關鍵時點，自此規模經濟開始負成長。舉鋼鐵業為例，伯利恆鋼鐵（Bethlehem Steel）這類大型鋼廠從工業時代興起就主宰市場直到一九七〇年代後期。隨著伯利恆鋼鐵這類鋼廠不斷擴大規模，它們實現規模經濟，因此被認定夠安全、不受競爭所擾。但是技術在改變，緊接著就是人口統計與勞動力改變，導致小型鋼廠崛起；它們滿足特定目的，因此在生產客製化、小批量鋼鐵產品時效率更高。大型鋼廠被自己的規模困住了，失去自己的規模經濟與主宰地位。結果是，二〇〇一年伯利恆鋼鐵聲請破產。

於公共商品領域，規模經濟也正在消失。試想一下從郊區綿延深入市中心的高速公路。更大的高速公路提升通勤族可以進入市中心工作或玩樂的速度與便利，但是隨著越來越多家庭搬往郊區，高速公路終究會堵塞，大眾交通則變得更有吸引力。開車上班的報酬遞減，個人通勤與公共運輸之間正形成一種均衡。

我們知道現場觀看足球比賽的球迷對熱狗的需求並不會瘋狂激漲；同理，由於自己駕車進入城市核心區的人數無法倍數增加，在最主要的幾大城市裡，公共運輸的需求顯而易見。即使是生產鋼鐵，要是鋼廠規模不受控制地擴展，也會變得難以成功管理。因此在傳統經濟場景中，經濟規模持續擴大會導致混亂與無可預測性，更會從根本上消除競爭市場的前景。難怪規模報酬遞減成為經濟學家青睞的典範。

不過，在當今的數位知識經濟裡，規模報酬持續遞增的情況很常見。試想一下微軟的教科書案例。在雲端上生產並銷售額外軟體版本的成本幾乎是零，數位產品的規模報酬不會減少；尤有甚者，越多使用者變得熟悉微軟的辦公室套裝軟體產品（好比 Word、Excel 和 PowerPoint 等），他們繼續使用熟悉的微軟產品的誘因就更強。越多企業安裝微軟的辦公室套裝軟體，對人數越來越多的商業精英來說，感覺就越自在、越熟悉，持續使用微軟的辦公室套裝軟體誘因就會增強，切換成使用非微軟產品處理文字、報表與簡報的抑制因素也會隨之強化。規模經濟持續壯大，產生顯著的第一人或先發者優勢。在一種產品類別或一門產業打下穩固基礎的公司，將採取一種可能會瘋狂成長的速度拓展基礎，它們領先的幅度越大，領先的規模與速度就會成長。傳統經濟學的論點在此被駁倒了。經濟學家所評估的這個世界，與理論預期的模樣完全相反。

對幾乎任何創意活動來說，關於提升規模報酬的相同主張都可以成立。想法沒有限制；尤有甚者，想法不會耗盡或磨損，而且可以無限次回收並重新包裝。它們個別來說可能很稀有，但想法不是大宗商品，會受到資源可得性、精神或時間所限。理解並領會知識打底的經濟時得先明白這一點。

隨著規模報酬日益遞減，數學均衡模型就能順勢成立。有了均衡，加上線性、掌控與預測的錯覺，古典經濟學就產出一系列最優化結果。最優化解方與每一種屬於複雜性思維典範的其他類別活動一樣，都被認為是可以實現、可以想望的結果。但是現實往往大不相同。

●經濟學：憂鬱的科學

在亞當．史密斯的年代與環境中，世界或多或少表現得像是經濟學家所設想的複雜系統。一七〇〇年代溝通與旅遊受限，加上經濟扮演提供生活必需品而非奢侈品的角色，古典經濟學模式因此運作良好。

但是，請回想一下一七〇〇年代以來世事發生多少變化。時至今日，在已開發世界中，多數人生存的日常所需容易獲得滿足，食物充裕、眾人都有基本衣著、健康照護，而且住房「需求」也獲實現，多數消費者主要的關注是購買旨在滿足自己「渴望」的物件，幸福才是主宰許多購物決定的主要議題。生存退居其次。不過幸福是一種主觀與相對的概念，就經濟媒介的行為而言，以生存為目標的經濟活動是一道客觀、複雜的過程，但依據渴望的經濟活動卻更主觀、錯雜。

正如學術界普遍宣稱，經濟學順應我們不同年代的情境發展；尤有甚者，就像所有的研究領域一樣，它的擁護者自然想立足過往開發的成果上。遺憾的是，基於複雜性思維的學科，其實無法適應或甚至演化出與異常不同的錯雜性典範一致的程度。不過，雖說兩者無法相容，卻是彼此的自然補強元素。

第四章描述錯雜性的主要組成部分為：（一）幾項獨立的要素或媒介，例如商品的消費者或生產者；（二）這些媒介以某種方式互相連結的能力，好比透過社群媒體連結或是成為一門產業的競爭者；（三）這些媒介有能力學習，因此適應並做選擇。當人們討論經濟時，這些組成要素顯然存在；尤有甚者，隨著世界經濟變得更全球化、更環環相扣，它們這些組成部分的重要性日益提升。亞當·史密斯時代相對孤立的村莊型態，如今已不復見；古典經濟學所需的社會結構打從根本上，已經轉移到展現出錯雜性。雖說古典經濟學依舊有說不完的道理，也有增添我們深入理解商業許多基本面向的價值，但它提供的構圖日益不完整，有必要在它的思維中大幅添加全新的組成元素，才能跟得上當今現實中的商業經濟學。

就研究古典經濟學有效性而言，或許沒有比股市更適合的實驗場域。如果古典經濟學實屬正確，可以將股市投資客這類經濟媒介的理性行為加總起來，用以解釋全體並產生均衡，那麼股市就是理想的實驗場域。股市中有大量投資客（因此可以兩相抵銷任何單一經紀商或投資客的錯誤），也有純粹的獲利動機（這是假設，投資股市只是為了「找樂子」的人數很有限），每天都帶來可以進一步研究成果的新嘗試或實驗。股市也是一些最訓練有素、報酬最高的經濟學家交易的場域。它是「適者生存」法則與做對決定就獲得天價報酬的競技場。

你若隨意檢視高人氣媒體，將會引導個人傾向假設股市真的會獎賞最出色與最聰明的玩家。投資雜誌與電視節目讚揚成功操盤經理人的表現，投資公司全都好整以暇地大方展示旗下明星資金操盤經理人的投資能力。確實，這是一門許多從業人員的收入顯著超過平均值的職業。不過一份又一份的研究結果顯示，在股市大獲成功更重要的是運氣，而非技能、知識或推行特定的經濟模式或典範。

舉例來說，學者蓋瑞．波特（Gary Porter）與傑克．崔夫茲（Jack Trifts）的研究顯示，雖然成功的資金經理人表現勝過同行，但並未勝過被動投資的標竿指數基金所採行的單純策略。[1]那些表現最出色的操盤經理人，通常更成功、職涯更持久，但他們的表現也沒有勝過一般打造多元投資組合的被動投資人。贏家經理人和輸家經理人相比之下，報酬表現比平均值出色，也因此吸引比較大額投資資金；但結果再次顯示，他們只是從客戶身上賺到比較多費用，而非為客戶賺取更多利潤。想在資金管理這場遊戲中獲勝，似乎可以套用一則老笑話：兩個人在森林裡撞見氣噗噗的大灰熊，生存目標不是跑贏大灰熊，而是只要跑贏另一個人就好。把資金交給贏家投資經理人的投資客，難免會對高手神技與單純策略之間的績效相對差異感到困惑。專業資金經理人展現不出神技的事實，引起古典經濟學有用性的質疑。

在當今環環相扣、全球化、知識打底的經濟背景下，經濟學解釋、預測經濟事件的能力已經顯著降低。或許歷史上沒有哪一段時期全世界這麼多政府如此廣泛採用經濟政策防堵經濟崩潰，最終卻仍收效甚微。二〇〇八年金融崩潰與隨後而來的歐洲經濟危機就是兩大範例。日本經濟在一九八〇年代和一九九〇年代初期強勁成長，之後欲振乏力超過十年。古典經濟學也無法解釋，預估價值高達十億美元卻看不見營收來源的高科技企業為何會崛起。這類現象與其他失敗讓古典經濟學經常被稱為「憂鬱的科學」。看起來這門憂鬱的科學應該要重新思考自己的某些基礎。儘管經濟學家一面倒地建議，英國脫歐將是一場經濟災難，但英國出人意表的投票結果卻是贊成派當道。這是一般民眾鮮少考慮古典經濟學真實性的跡象。顯然還有另一道典範正在發揮作用。

錯雜性經濟學

錯雜性經濟學是經濟思想的一門新領域，由一群為數相對稀少的創新經濟學家所倡議。錯雜性經濟學試圖重新審視古典經濟學基本的金科玉律，發展出一門基於錯雜性適應系統原理的經濟學。這門經濟學研究領域不必然聲稱古典經濟學有錯，而是試圖發展成一門研究與分析的補充領域。正如管理階層必須思考簡單、複雜與錯雜的系統，經濟學家亦然。並非某一套思考系統正確，另一套就必定錯誤，只不過是原本就有不只一種類型的系統在經濟中發揮作用，而且選擇用以分析某一道既定經濟或商業議題的典範應該取決於研究系統的基礎特徵。全球化擴張、科技變革、社群媒體拓展，加上已開發國家的製造業轉型服務業，提升錯雜性經濟學的需求。對經濟學家來說，它是一組額外的概念與思考方式，可以加入他們的工具組合中，以便理解、解釋經濟。

錯雜性經濟學有幾座獨特的基石。其一是，錯雜性經濟學的顯著特徵就是明確體認人類這種經濟媒介並非十足理性或選擇一致。理性取決於情境，特別是本身就很錯雜的社會脈絡。錯雜性經濟學也包含以下事實，即是在基於知識與想法的經濟裡，規模報酬可能會日益成長。錯雜性經濟學考慮到以下事實，即經濟世界往往自然而然處於不平衡狀態，均衡反倒罕見。最終，錯雜性經濟學處理以下觀察而得的事實，即經濟結果就質量與數量而言都與所有構成部分加計的總和不同。

實際上，錯雜性經濟學正試圖處理真實世界中觀察到的經濟議題與它們的錯雜本質。

行為金融學是一門橋接古典經濟學與錯雜性經濟學的領域。在第二章，我們簡要介紹丹尼爾．康納曼與阿莫斯．特沃斯基在研究行為金融學的開創性工作。行為金融學探討理性經濟人概念的假設如何一再被推翻。錯雜性經濟學把行為金融學當成研究起點。行為金融學研究個體如何做出看起來不理性、不一致的選擇，錯雜性經濟學則試圖建立模型，解釋這些不理性、不一致的選擇如何互相連結，繼而透過連結性產出錯雜結果。就某種意義而言，行為金融學類似心理學，也就是研究個體如何採取行動與作為。錯雜性經濟學則是更往前一步檢視群體行為，因此更類似社會學，因為社會學聚焦社會體系中個體之間的集體與順此產生的連結，進而反過來引導出錯雜性。這種社會錯雜性結合我們日益傾向知識打底的經濟架構，也會導致規模報酬日益成長。

布萊恩．亞瑟（Brian Arthur）是最早採用規模報酬遞增概念的經濟學家之一。他的故事一開始是在新聞記者M．米契．沃卓普（M. Mitchell Waldrop）的精彩著作《複雜：走在秩序與混沌邊緣》（Complexity the emerging science at the edge of order and chaos）中廣為流傳。[2]亞瑟接受過作業研究的學術訓練，在人口成長領域開展他的研究生涯，最為人稱道的事蹟是在聖塔菲研究院期間締造的成就，當時他是花旗銀行經濟研究員（Citibank Fellow in Economics），現在則是兼任副教授。規模報酬遞增的概念一開始並不被古典經濟學家接受，儘管現代經濟已有許多實例，但仍帶有爭議性。

對錯雜性經濟學來說，規模報酬遞增的概念具備幾道意涵。特別是它暗示，創造財富與經濟活動已經從完全倚賴規模報酬不斷下降的製造業，移向一個知識、創造力與服務業變得更重要的經濟。創造力或知識沒有自然的限制或約束；除此之外，就質量與數量而言，許多服務業的規模也與那些以生產商品為中心的產業不同。

J・多恩・法莫（J. Doyne Farmer）可說是另一位帶頭宣揚錯雜性經濟學的經濟學家。法莫博士原本受訓成為物理學家，但本人活躍於錯雜性經濟學與實務應用的學術研究。目前他是牛津大學數學教授暨聖塔菲研究院的外部教授，也是金融分析與資金管理業者預測公司（Prediction Company）共同創辦人之一。預測公司成立於一九九〇年代初期，專門打造預測金融市場的數學模型。

法莫的研究特別聚焦採用電腦為基礎的錯雜性模式，以便建立經濟活動模型。具適應性、以媒介為基礎的建模手法採用電腦模擬，和其他的模型相較之下，產出的結論與現實世界中的觀察結果更一致；問題在於它們經常產出多平衡，這個字眼當然是古典經濟學深惡痛絕的結果。

古典經濟學與它的簡化論方法明確假設，每一種經濟情境都存在對應的單獨一套解方或均衡。多平衡的主要問題之一，就是預測變得不可能，顛覆了古典經濟學的基石。就概念而言，法莫這類採用錯雜性電腦模型的經濟學家主張，多平衡應該獲准存在。這一點當然與現實世界中的觀察結果一致，也與精確預測通常不可能出現的錯雜性觀點一致。

法莫也是圍機計畫（Complexity Research Initiative for Systemic Instabilities, CRISIS）共同創辦人之一，這是一個集結大學、民營企業與政策制定者的聯合組織，宗旨定為打造一套基於人類與組織實際上如何行為處事的經濟與金融系統的嶄新模型。[3]它在二〇〇八年金融危機爆發後成立，接受歐盟委員會注資運作。

圍機團隊擁有多元學科的研究員，正試圖開發基於錯雜性經濟原理更完善、更貼近現實的經濟模型。圍機有很大一部分工作是應用新穎做法，好比基於媒介的建模技術、人類如何行為處事的實驗分析與經濟物理學。

經濟物理學與錯雜性經濟學密切相關。前者應用大量物體相互作用的統計力學技術。舉例來說，統計力學解釋，在密閉空間裡數十億顆氣體分子將如何回應熱力及壓力差。這道問題不可能採用古典牛頓力學加以分析。同理，在經濟學中許多不同經濟媒介相互作用，這些媒介相互作用的結果太龐大，以至於無法採用古典經濟學加以研究。經濟物理學提供有用類比，促進經濟體中消費者與製造商之間發生大量經濟交互作用的研究。經濟物理學提供經濟學家有助進一步研究錯雜性經濟學的嶄新工具與概念。

圍機團隊採用一套各領域原理的組合，包括經濟物理學、基於媒介建模、電腦模擬，以及慢慢自天氣預報等其他領域蒐集而來的錯雜性科學原理，打造出一系列電腦模型，重製全球性的經濟學。雖說這類模型套用在預測下一場金融或經濟危機很可能不太管用，卻能提供法規監管單位、政策制定者與經濟學家一項新穎的工具，在不受古典經濟學的限制與制約下，研究並分析真實世界的經濟學。

舉例來說，圍機研究的現象之一就是金融市場有一道系統性缺乏信心的發展。研究員尚－菲利普・布夏（Jean-Philippe Bouchard）是巴黎綜合理工學院（École Polytechnique）物理學教授，也是圍機的研究負責人之一，他拿金融市場缺乏信心的發展，與觀眾在演奏會結束後停止鼓掌或椋鳥自主形成的飛行模式互相比對。它是一種倚賴連結與媒介適應性行為的經濟模型，也是將錯雜性思維應用在經濟學的明顯範例。布夏教授與他的團隊希望他們的研究可以提供新見解，認清諸如危機爆發時經濟如何改變，並在經濟轉型時更適切地辨識並管理線索。

對錯雜性經濟學的批評

就和任何新興的研究領域一樣，錯雜性經濟學不乏批評者，主要來自兩大領域。首先，錯雜性本身並非理論，也不是立基於「理性經濟人」這類的金科玉律；再者，錯雜性經濟學不像是古典經濟學，它明確不允許預測。這兩道批評互有關聯，但很大程度上無關緊要。

我們可以這樣反駁第一道批評：反問證據是否與身為古典經濟學基石的公認道理一致，亦即不證自明的事實及明顯的真理。個人可以主張，從電影與現實生活中富人的怪誕行為可以推斷得出，全世界已開發經濟體創造的財富，削弱了理性經濟人這道概念的價值。正如我們所見，已開發國家的多數經濟活動已非基於生存需求而是消費需求。消費需求不傾向客觀理性思考，它們更與情感需求緊密相關，但古典經濟學家刻意視而不見。

古典經濟學的另一道公認道理，就是資源稀缺導致報酬遞減，這也與基於知識的經濟不一致。雖說金科玉律比較是哲學概念而非經濟原理，但是假設人類心智沒有限制才合理，因此基於情感的創造力、獨創性與決定，並非稀缺的資源。

錯雜性經濟學的第二道批評是不容預測，這一點也可以很快被駁倒。我們只管質問，與沒有預測相比，獲得不正確並可能產生誤導的預測，這樣有比較好嗎？經濟學中有些面向與管理如出一轍，有助於複雜性思維並應用古典經濟學分析，也有助預測的可能性。但是如果情況隨著經濟事務的常規日益增加而趨向錯雜，那麼承認最佳答案為「可能」將是明智做法。雖說預測能力經常被視為真科學的關鍵基石，但不必然意味著，少了它就應該將錯雜性經濟學排除在嚴肅的研發領域之外。

與欠缺預測能力這道批評相關的批評是，多元均衡的可能性實屬荒謬，而且與議題的真實理解程度不一致。這道論述或許最好留給科學哲學家思辯。不過現實是，人生中許多時候的既定情境可以給出複數答案，任何人小時候買冰淇淋的當下都曾體會到，無法區分或排定許多超棒選擇的偏好順序。

古典經濟學的基礎是一系列理論，預測的必要性是隱含策略的一部分，好讓它被接受為真科學，能夠與掛保證具備預測能力的化學或物理學並列。

錯雜性經濟學家往往來自各種不同的學術背景。舉例來說，布萊恩・亞瑟最先是從事人口統計學並接受作業研究的學術訓練，J・多恩・法莫起初是受訓成為物理學家。這種多元性可能並非巧合。經濟學就像商業管理一樣，需要錯雜性之類的嶄新想法。唯有主動採取新穎方式思考並擁抱整體論方法，我們才能完成必要的錯雜性思維典範轉移。錯雜性經濟學代表思維演化，看似與商業經濟世界的演化一致。最終，那是測試這門研究領域價值最理想的方法。

●經濟時代比較①：商業媒體——《富比世》與《快企業》

我們若想領會經濟思維的諸多轉變對商業及商業精英的影響，比較一九五〇年代至一九八〇年代，以及當今企業的運作手法十分管用。且讓我們先比較影響《富比世》與《快企業》雜誌成功的元素。

近二十五年來，所有形式的媒體都發生重大變化。網際網路打從基本上顛覆幾乎所有類型媒體管道的商業模式。有鑑於此，檢視特定商業媒體如何改變會很有趣，畢竟媒體反映它們所報導的社會領域。《富比世》與《快企業》雜誌堪稱全球商業媒體的佼佼者，雖說視角截然不同、風格迥異，但兩者都被認為是各自領域的領導品牌，也都涵蓋全體商業世界。考慮到兩者的主題都是商業，各自手法不同頗具啟發性。

《富比世》雜誌一九一七年成立，是商業出版的標竿之一。隨著北美發展工業經濟，《富比世》也開發它的讀者群。《富比世》打著「資本家工具」的標語，描繪企業在社會中的主導地位、側寫企業管理階層與商業故事，有助打造商業精英成為社會名流的形象。《富比世》是在一九五〇、一九六〇年代擄獲優勢，相較之下，年輕許多的《快企業》則是一九九五年成立，迎合成長於數位經濟的商業精英世代。雖說兩家雜誌的專營賣點都適應數位時代媒體的新現實，但它們初登場的年代不同，吸引到的讀者群也不同，因此產出內容的方式不同，突顯它們撰稿寫手思考商業與經濟的方式也不同。

《富比世》雜誌或許是以美國富豪排行榜遠近馳名，《快企業》卻打出「最創新企業」與「最具創造力商業人物」舉世聞名。前者聚焦與財富一樣具體且相對客觀的事物，後者則注重創新與創造力這種更主觀的類別。《富比世》身為「資本家工具」，看到的商業目標就是創造財富；《快企業》看到的商業目標則主要是發想點子，以及成功將隨之而來的隱含假設。工業經濟的重點是規模與投資報酬，因此財富就是成功晴雨表；相較之下，數位經濟的重點在於創意點子。從兩家分別闖出名號的「榜單」來看，雙雙反映出它們發跡的兩種時代經濟心態出現轉變。

《富比世》這家雜誌傳統上關注企業與領導人，十之八九都是執行長；《快企業》關注具備創新點子的個人，不單單是策略思想家。《富比世》注重的組織與領導者具備由上而下、命令與控制思想的功能，堪稱領導者至高無上的典範；《快企業》注重的個人與他們的創意點子則可說是破壞式經濟的特徵，點子凌駕一切，而且企業員工這批群眾的行動與互動十分重要。

傳統上，《富比世》稱許領導者、產業巨人；《快企業》更常特寫蓄勢待發的明日之星。在工業經濟時代，規模、規模的經濟性與效率至關重要，因此《富比世》傳統上持續報導這些面向。對《快企業》的讀者與知識經濟而言，敏捷性和速度更是競爭的重要組成元素，這項事實可從雜誌本身命名得到體現。

翻開《富比世》可看到許多專家及知名權威人士撰寫的意見與建言專欄，這與命令、控制和預測結果的能力思想相符；《快企業》則比較少見發表個人意見的專欄，文章多半分析未來事件將如何開展、個人可以如何利用或管理它們。當《富比世》報導創新企業，會特寫那些開發全新、更有效率方式完成傳統商業任務，進而挑戰現存技術極限的代表；《快企業》聚焦創造典範轉移的企業，不是那些做事方法與其他公司不同的對象，而是做的事根本就不一樣。

《富比世》的傳統焦點一向放在現金流與投資報酬，它的主要功能之一就是提供企業與產業的深刻見解，以便投資人確定它們的投資潛力。投資與累積財富永遠都是《富比世》內容的基石，資本市場與企業在資本市場的表現才是報導核心。相較之下，《快企業》的重點是風險創投注資與企業的燒錢速度。[4] 許多《快企業》側寫的企業都是私人持股，或是由一小群私人投資客、風險創投商與私募基金所掌控。資本在知識經濟與工業經濟分別扮演不同的角色。隨著個人投資客的角色很大程度上被崛起的機構投資人、採行指數股票型基金（Exchange Traded Fund, ETF）這類投資工具的被動投資策略所取代，資本市場也跟著改變。

《富比世》看中的投資潛力，與《快企業》中常見為用戶或連結擴張的能力形成鮮明對比。很常聽到社群媒體商這類知識打底的企業需要有能力對外擴展，以便優先打造用戶群基礎；企業唯有建起用戶群基礎，才能開始推動可以產生現金流的商業模式。在《快企業》，重要的變數是與用戶的連結程度。

兩家雜誌的差異處，就和基於製造與規模報酬遞減的古典經濟，以及基於創意點子與連結的知識打底型經濟的差異處相當一致。它們闡明古典經濟學與錯雜性經濟學之間的對比。

雖說聚焦新鮮、新穎很重要，但請謹記，在管理過程中，理解、有能力管理複雜性系統，也與理解、有能力管理錯雜性系統一樣重要。每一種思考方式都各占一席之地，也各有自己的優勢與劣勢，沒有哪一種應該占據主導地位；反之，它們應該共存、彼此互補。有鑒於此，我還是繼續訂閱並閱讀《富比世》與《快企業》。

●經濟時代比較②：領先企業——ＩＴＴ與臉書

《富比世》與《快企業》代表各自的時代與主導的經濟典範，ＩＴＴ與臉書亦然。ＩＴＴ公司成立於一九二〇年，最初名為國際電話與電報（International Telephone and Telegraph）。一九六〇、一九七〇年代在執行長哈洛·季寧（Harold Geneen）領導下成為全球最舉足輕重的企業之一，也是統御當年那個商業時代的企業財團象徵。臉書年輕得多，二〇〇四年馬克·祖克伯和幾名大學朋友共同創辦。但臉書十年內就成為數位時代最舉足輕重的企業之一，也同樣是社群媒體商業時代的象徵。正如《富比世》與《快企業》，ＩＴＴ與臉書提供商業經濟學有趣的對照。

ＩＴＴ素以一九五〇至一九七〇年代的全盛時期成為企業集團廣為人知。ＩＴＴ在執行長季寧領軍下完成超過三百場收購，若非反托拉斯法攔阻，很有可能還會繼續推升紀錄。ＩＴＴ原是母公司旗下生產電話交換設備部門，分支自成門戶後收購飯店、烘焙產品、化妝品、汽車配件、教育、保險和電視，甚至試圖收購美國廣播公司（American Broadcasting Corporation）電視網，涉足電視節目製作，但最後被反托拉斯監管單位打回票。

ＩＴＴ是「漂亮五十」股票，指的是一批具有「明顯」投資潛力的企業。當時市場認為，投資人該做的事就是注資在這五十家領先企業，然後擱置一旁完全不管，因為它們會自己可靠地產出安全、一致的投資報酬。一九六〇年代，ＩＴＴ的全年營收從不到十億美元激增至接近八十億美元，但是隨著時間過去，加上接下來迅速裁減部門、企業重組，大幅精簡的ＩＴＴ當前全年營收約為二十五億美元。

臉書是發跡於大學宿舍，快速成長至目前年營收幾乎八十億美元的大企業。它的創立型態是社群媒體網站，很快就超越才比它早一年創立的前輩 Myspace。臉書初期是自力成長，近來開始善用儲備現金與市占率收購並壯大自己在社群媒體市場的占有率，特別是二〇一四年斥資一百九十億美元收購即時電話通訊軟體WhatsApp，顯示它正認真地建立市場主導地位。

ＩＴＴ成為企業財團，以便打造經濟與營運規模效率，並集中管理財務與行政之類的活動。在「越大越好」思維盛行的年代，ＩＴＴ強烈渴望收購企業以壯大規模。但是臉書看起來像是收購企業以擴充連結規模，而非資產規模。像臉書這類社群媒體商的目標，是成為集結想法、用戶與連結的企業財團，而ＩＴＴ則是成為資產與現金流的企業財團。

ＩＴＴ之類的集團除了在資金和管理創造協同作用外，也合組起來管理上、下游供應鏈，以便掌控流程提高效率。臉書的策略是讓用戶掌控流程開發，同時保留數據資料流與它的用戶所創連結的存取權限。它是後退式的控制型態，與從複雜的命令與控制典範轉移至允許並鼓勵結果乍現的錯雜性典範一致。

ＩＴＴ之類的企業集團為了實現行政管理的規模經濟，致力於盡可能將所有功能都集中化管理；反之，在臉書之類的新時代企業中，整體環境通常是某種去中心化型態，鼓勵所有員工提出自己的想法。或許自相矛盾的一點是，由於產出的責任更大幅掌握在每一名員工手中，這種做法容易打造出一種比較緊張的工作環境；傳統企業基於由上而下的命令結構，因此制定決策、發想點子的責任很大一部分不歸於中階管理階層與非管理級員工的手中。

由於ＩＴＴ企業集團的資本結構包括高水位槓桿作用，而且持續有必要從資本市場尋找資金來源，因此它的會計與財務功能通常占主導地位。有必要持續創造報酬，以滿足股東與債權人要求持續關注企業的現金流。反之，在社群媒體企業裡，編寫程式、設計與創意發想驅動流程，管理現金流並非迫切需求，擴大用戶與用戶體驗才是。主要的競爭任務是保持設計的清晰度，這樣一來用戶才會繼續使用臉書與它的相關網站，進一步賦能臉書維持它在社群媒體領域的主導地位。

ＩＴＴ之類的企業集團時代以來，重要大企業的籌資機制也巨幅改變。一九五〇年代至一九八〇年代後期，股市與公共債券市場是新式籌資手法的主要來源。但是一九九〇年代末期起，風險創投與私募基金注資成為臉書之類企業的首要選擇，甚至競爭對手微軟也在早期就大手筆投資臉書。

雖說風險創投一向在新企業啟動資金的行動中軋上一角，但近二十年來風險資本家的角色與重要性顯著改變。當銀行發放貸款給企業，銀行家的基本原則是銀行最終能否回本，所提出的關鍵問題是：「我可能會損失多少錢？」如果銀行家預期某一筆貸款申請會虧錢，就絕對不會放款。反之，風險資本家知道他們是在投資超高風險的專案，因此他們預期多數交易案都會虧錢，但是也期待少數幾筆成功而且暴賺，足以彌補前者的損失。粗略的經驗法則是風險資本家每投資十筆交易，大概有六至七筆幾乎是肉包子打狗；他們也期待有一、兩筆投資或多或少可以收支平衡，並希望最後一、兩筆賺進超額報酬。

問題是，出於初創商的風險本質，特別是倚賴錯雜性才能成功的公司，風險資本家本質上必須倚賴直覺與機率創造報酬。所以，銀行問的是會虧多少錢，但風險資本家問的是會賺多少錢。這是投資哲學中一道深刻而且根本的轉變。銀行尋求高現金流量、低風險投資；風險資本家卻是尋求高風險、高潛力的投資規模。傳統上，股市投資人也想要實在的股利與穩定的資本增值形式以獲取穩定報酬，股票劇烈波動並不被認同是可取之處。緩慢、穩定一貫是多數傳統基金投資人的口頭禪。但是現在越來越多投資人對龐大的資本收益前景更滿心興奮。

這種態度表明資金提供者的心態已發生根本性轉變，它原本走均衡的古典經濟學模式，現在完全改變，轉而要求企業向投資人證明自己的能耐。ＩＴＴ必須亮出自己投資所產生的穩定正現金流，臉書則必須展現極度向上成長的潛力，即使這麼做意味著可能將這家企業的生存推向風險關頭。二〇〇〇年代初期，許多「達康」（dot.com）企業破產，因而被譏稱「打彈」（dot bombs），但是像臉書、Google等活下來的達康，為押注它們具備生存與成長能力的早期投資者帶來可觀報酬。

這種新式手法的另一道特徵，就是看待「失敗」的態度大不相同。對ＩＴＴ這類企業來說，擴張是基於仔細考量、廣泛分析下行風險的結果。而擁抱錯雜性經濟學的企業，更可能接受一種「快速失敗然後快速適應」的情境，採取先試、後學、再適應的錯雜性管理策略，並在立足全體公司規模的基礎上將那一道哲學融入其中。這類手法與側重計畫經濟與理性思考策略截然相反。

這類對比心態也反映在理想員工特徵的不同看法。ＩＴＴ在當年也算是「高科技」公司，這一類企業會聘僱技術能耐與知識；但臉書與同類型企業卻更願意聘僱創造力的天分與企圖心。雖說員工或管理階層可能終身職涯都為ＩＴＴ這類企業賣命，圖的是服務超過三十年後退休之際獲贈金表，但現在人才市場的流動性更高，員工正尋找不同型態的經驗與各種體驗。新時代企業持續更新自己的人才庫，因為這樣做可以協助他們保持員工的新鮮感，也才能在錯雜性當道的時代跨越全公司創造連結，同時也協助提高競爭力。這道轉變從視員工為官僚，變成視員工為自由獨立的創業家。

ＩＴＴ這類企業試圖透過受到專利和商業機密保護的技術專業知識創造競爭優勢，臉書在收購WhatsApp時卻說，它想要提供「全世界連接性和實用性」，讓「全世界變得更開放、更連結」。[5]或許最重要的是，這道競爭理念的變化象徵，當企業置身錯雜的經濟中競爭，會與置身古典經濟學的經濟中競爭有所不同。知識變成一項大宗商品，當今的競爭優勢是借道創意想法、聚焦錯雜性演化才獲得實現。

《富比世》與《快企業》、ＩＴＴ與臉書，各有不同的經營理念，很大程度上可以歸因於它們崛起時的經濟背景各不相同。當今這個世界遠比以往任何時候更環環相扣、全球化而且更基於創意型態。簡言之，比較錯雜而非複雜。

●重溫亞當．史密斯

本章開宗明義就簡述亞當．史密斯與他的巨作《國富論》，本質上它開啟古典經濟學的研究。但是怪罪亞當．史密斯可能有點不公平。對所有研究經濟學的人來說，很可能他們唯一記得的思想就是「看不見的手」這道概念，亦即自利的經濟媒介彷彿接受一隻神秘的無形之手導引行為處事，進而產出最佳的商品與服務。

隨著經濟媒介產出乍現的結果，此刻便該假定，神秘的無形之手即是正在發揮作用的錯雜性。或許亞當．史密斯真正試圖告訴我們的重點是，經濟學一點也不複雜，只是很錯雜。

第 8 章 風險管理與錯雜性

每當有人提到風險管理與危機管理時，我心中都會浮現許多例子，但近年來英國石油（BP）在墨西哥灣（Gulf of Mexico）漏油事件造成的商業衝擊實屬罕見。深水地平線（Deepwater Horizon）鑽油平台爆炸創下全世界規模數一數二的漏油事件，最終導致執行長湯尼・海華德（Tony Hayward）下台。

臉書代表風險的另一面，亦即上行風險。如果你視風險為意外之事即將發生的機會，那麼二〇〇四年初有誰能預見，一個專為一群精選的哈佛大學生設計的網站竟可以在九年內坐擁九百億美元身價，進而躋身《財星》（Fortune）前五百大企業。

英國石油的深水地平線災難與臉書的空前崛起，這兩起截然不同的事件，顯示風險的錯雜性與風險管理。兩道例子都是錯雜性發揮作用的具體範例，說明錯雜性與風險管理如何錯綜交織；它們也都闡明，在當前錯雜性存在的情況下，倚靠複雜性思維是愚蠢行為。

「風險」有許多不同定義，端視誰提供定義。它已成為生態、健康科學、政治及商業等多元領域中人氣爆棚的主題。若是丟出這道問題，一般素人可能會回答以下這句話：「風險就是壞事可能發生的概率。」而商學院學生學過的幾種量化定義，全都會歸結為以下事實：風險是好事或壞事可能發生的概率。因此根據學術界的說法，風險實為一體兩面；風險可以是好事，也可以是壞事。

說實在的，定義稍有不同的原因挺複雜，與下述事實有關：如果認為風險是一體兩面、具有對稱性，那麼衡量風險的數學方法歸納而成的結果，會比認定好比是壞事的單向風險更準確。有些分析師會分別標示上行與下行風險加以區分。舉例來說，當許多風險分析師談論「損失」與「機會」時，就是在區分風險的兩面性。

注意到這道定義也是一體兩面，而且本應如此。說到底，風險管理就是要採取行動，提升好風險事件的可能性和強度，同時降低壞風險事件的可能性與嚴重程度。企業想要盡可能降低負面意外，並盡可能將影響減至最小層面；反之，企業也想要有令人欣喜的驚奇，並讓這些令人欣喜的驚奇盡可能高頻率發生，同時盡可能造成最強烈的正面影響。

或許更實際思考風險的方式就是，風險管理關乎置身不確定性中做成決策。世界充滿不確定，即使你相信它的本質是複雜而非錯雜。風險管理是一門明確將不確定性納入考量並試圖管理的領域。

所有的商界管理階層都是風險管理者，無論他們承認與否，或是他們的職銜和風險相關與否。任何型態的風險管理者的角色既複雜也錯雜。風險管理者可以採取明確步驟防範已知的風險與危害，也可以採取其他具體步驟提高實現渴望與規劃成果的可能性。不過風險管理也需要關注「已知的未知事項」與「未知的未知事項」，它們無可避免會改變即使是做好萬全準備、規避風險的組織制定而成的計畫。

隨著監管機關從負起系統性風險的責任（儘管只是單方面的負面風險），到應對各種大小不一的風險，好比魚群、飲用水到金融市場，風險管理的角色也擴展進入監管的影響範圍。監管機關的自然傾向就是採用更多監管措施防杜不幸事故，但是正如我們所見，就連法規本身都可能會造成意想不到的後果。事實上我們會主張，由於嚴格監管的系統缺乏適當因應錯雜性的彈性，監管食古不化經常把情況搞得更糟。本章稍後將會檢視二〇〇八年某些根深柢固的原因釀成金融危機。這場危機引爆的原因是，天真地試圖在金融市場這個錯雜世界施加複雜性思維打底的法規。就本質而言，它是一場意料之外的後果釀成的危機，也就是將複雜性思維應用在錯雜系統時屢見不鮮的結果。

基於市場的監管系統很像大自然系統，往往在無意間創造一種達爾文形式的演化過程，而且每一套各有其獨特性。遺憾的是，基於規則的監管幾乎總是立足於複雜性思維，因此市場的錯雜性必然意味著，複雜型態的監管幾乎總是注定失敗，很大程度上就是因為產生意料之外的後果。第二章曾提到歐格爾的第二定律「演化比你更聰明」，這便是另一道範例。

●風險管理的歷史非常短

作家彼得・伯恩斯坦（Peter Bernstein）在饒富興味的著作《與天為敵－人類戰勝風險的傳奇故事》（Against the Gods: The Remarkable Story of Risk）中，[1]講述人類永遠都在尋求馴服不可預測的事物，並理解、掌控和制伏風險的故事。伯恩斯坦指出，雖說風險管理是當前的熱門話題，但不是新哏。

西元前二〇〇〇年左右，人類就觀察到在中國的稻米交易商、希臘的橄欖交易商與世界其他地區的奴隸交易商，都採用一種管理風險的初期形式衍生性合約。之後保險合約問世，成為日常商業與個人生活的一部分；一六〇〇年代後期，現代保險商成立。

直到一九七〇年代後期，風險管理才成為一門概率管理的專業。精算師鑽研歷史趨勢，可以開發出詳盡的表格和走勢圖，繪製各種風險的可能性。風險管理師的任務是確保開發統計數據所需的樣本規模充足，符合必要的準確性，並確保風險組合與精算樣本密切契合，這樣保險商才具備合理信心，以至於雖然它們必須為某些合約理賠，整體組合仍然有利可圖。

這是一場數字遊戲，人類體認到，數字不可掌控而且受制於眾神的意願。基本前提就是一種稱為中央極限定理（central limit theorem）的數學原理，簡單來說就是，有了足夠龐大的樣本，正常的鐘形曲線分布將充分表徵所有結果的已知分布狀況。因此，保險商滿意於下述概念：雖說它們毫不知曉某一張特定保單持有人是否或何時會提出理賠申請，但龐大總量讓它們感到心安，因為知道最終結果將與基於可能性的精算假設相符。

常態分布的假設很重要，因為它讓開發完善的常態分布數學結果派得上用場。要是分布被證明不屬常態，錯誤就會滲入計算結果中，風險預估值就會偏離，在某些特定情況下甚至會很明顯。常態性假設失靈，就是二〇〇八年信貸危機期間引爆風險模型嚴重崩潰的要素之一。

因此，若想在保險與風險管理領域成功，有必要確保企業具備一定的資源規模，足以撐過預期中偶發性偏離計算的平均值；風險組合也需具備足夠多元性，以確保結果分布將會以概率定律所代表的形式呈現。直到一九七〇年代，精算投資組合模型主導所有風險管理領域。

●布萊克－修斯－默頓模型

一九七〇年代有一套突破性公式問世，風險管理升級至全新層面。一九七六年，三位學者鑽研風險度量、思考與管理，創造出重要的典範轉移。費雪・布萊克（Fischer Black）、麥倫・修斯（Myron Scholes）與羅伯特・默頓（Robert Merton）開發出業界熟知的布萊克－修斯－默頓（有時也被稱為布萊克－修斯模型）金融選擇權定價模型（Black-Scholes-Merton Model）。這套模型開發成功，導入風險不是單單必須避免的事物，反而更是應該可以被利用、槓桿與交易的商業元素。風險成為一種大宗商品，這道思想幾乎是一夜之間顛覆人們對風險的認知。

金融選擇權是允許買方指定預設價格與預設時間的「選擇權」合約，以便購買（或出售）證券。舉例來說，請試想卡車運輸公司的採購經理擔憂燃油成本，他為了想確保燃油成本不會上漲超過客戶合約的隱含成本，便可以購買燃油選擇權。如果燃油的市場價格高於合約規定的價格，他可以行使選擇權，以指定價格從選擇權賣方手中購買燃油；反之，如果燃油價格維持在選擇權指定的價格以下，他只要依照常規方式在市場上購買燃油就好。這家貨運公司因此得以「避險」不斷上漲的燃油成本。

金融選擇權套用在各式各樣的證券與大宗商品都可以買賣，選擇權適用於諸如黃金、白銀、原油或小麥等大宗商品，也適用於諸如股票和利率等金融工具。比較新穎的選擇權型態用以避險基於氣溫或降水平均值的氣候狀況，甚至避險颶風、地震或龍捲風這類災難氣候事件。選擇權是在金融交易所進行交易，比較客製化的合約則可以向主要的國際金融機構購買。

正如前述，打從最早期有組織的商業貿易問世以來，選擇權型態的合約就已經存在，不過布萊克、修斯與默頓的研究卻從此一舉顛覆賽局。早在布萊克、修斯與默頓之前就永遠存在一道公開問題：如何準確定價選擇權。布萊克－修斯－默頓模型提供交易商一套看起來很科學的方法，可以客觀、準確地定價風險與選擇權。

金融交易商不像是保險合約一樣，可以倚賴第二章討論的大數定律或頻率學派統計。選擇權合約中具有特定風險，諸如金融與大宗商品市場並不像事故和意外事件可以套用數學原理，以及想購買選擇權的人與想出售選擇權的人之間通常不平衡，此兩項事實意味著，精算類型的計算方法在確定公平價格時用途有限。

一九七六年布萊克、修斯與默頓第一次公布他們的模型，也真巧，就在股票選擇權開始在芝加哥選擇權交易所（Chicago Board Options Exchange）上市交易後幾年。布萊克、修斯與默頓的洞見大開避險投資組合交易大門。如果有一套實際而且通常合理的交易假設，好比交易佣金不高，你又可以永遠依據選擇權合約買進或賣出資產或股票，那麼就能制定出公式化的交易策略，讓你毫無風險地買進或賣出選擇權。尤有甚者，你可以預先確定平倉策略的成本，因此能超級精準地確定選擇權價格。

布萊克－修斯－默頓公式提供不只是定價選擇權的方式，更是衡量並掌控風險的機制。就本質而言，這套公式提供一套精確的數學演算式，讓風險管理師能衡量風險並精確地避開風險，非常近似博弈業者採取反向下注的做法避險自己的賭注。對那些理解極端複雜數學的人來說，這是上天送來的福氣。短短幾年內，物理學家與數學家躍為華爾街的寵兒，而他們所接受的學術訓練足以讓他們理解精密數學，因此至今仍是人氣王。風險似乎被馴服了！大家開始臆測，風險可以被當成複雜實體一般處理並管理。

選擇權定價公式的發展引爆學術和實務研究狂潮，至今不曾退燒。衍生性商品的世界是選擇權打底的世界，成為金融、商業、投資，當然還有風險管理的核心部分。可以用於投機和風險管理的產品總量、類型和規模激增。大家抱持的信念就是，只要具備充分的數學才能，加上布萊克－修斯－默頓模型的概念，風險可以被駕馭、馴化甚至利用。沒有人想到，潘朵拉的盒子已經被打開了。

●公式應用的初期

布萊克－修斯－默頓模型的開發過程中，出現幾則頗有啟發性的背景故事。布萊克在一九八九年撰寫的論文中概述其中比較有趣的一則。[2]起初，這套公式接受度不高，諷刺的是，學術界認為它太深奧，幾乎沒有實際用途。布萊克與修斯最終選在一家鮮為人知學術期刊發表論文，標題定為《選擇權與或有債務的定價》（The Pricing Of Options and Contingent Liabilities），[3]定名與風險管理或投機幾乎沒有關係，因為論文重點在於定價企業債券而非選擇權。對於一道即將變成非常重要的思想來說，這是一次非常不吉祥的論文初登場。這一點本身可能說明學者和專家的複雜性思維，而非模型本身。

第二點鮮為人知的諷刺之處在於，布萊克與修斯曾實地操作自己的公式，試圖從公式所得的交易結果獲利。他們合理假設，金融市場中鮮少自營商具備必要的數學洞見理解箇中奧秘，更遑論適切推行他們的公式，因此決定自己下場實際交易。他們的策略相對簡單。他們會根據自己的公式設定，在市場上買進價格偏低的選擇權、賣出價格偏高的選擇權。他們採用自己的交易方法將可管理自己的部位所具備的剩餘風險。這看起來是一套完美策略，套用金融比喻，這相當於從小嬰兒手中拿走糖果。

出乎意料，他們下場交易的淨結果是表現遜色。這對學術拍檔學到一點，數學規則可以完全捕捉理性的行事方式，但是市場並非總是這樣運作。市場交易員的行為處事，好似他們明白這道公式的數學無法涵蓋的其他事情，好比分明有什麼至關重要的事情存在，但數學就是不知情或偵測不到。布萊克與修斯身為數學家與學者，缺乏這種關鍵洞見，但這道議題請留待本章稍後探討。

儘管兩位作者的個人交易結果不佳，布萊克－修斯－默頓公式卻在交易員與風險管理師圈子裡一炮而紅。這套公式變成評量並估價風險的基準，內嵌在模型中的概念實際上也成為所有風險管理技巧的基礎。一九九八年，修斯與默頓獲頒諾貝爾經濟學獎，表彰他們開發模型；遺憾的是，布萊克早一步在一九九五年去世，否則他肯定也一起受獎。當時這套公式已經是所到之處皆獲應用，教授這套公式至今依然是商學院課程的標準配套。這套公式的真實性現在已經被視為既定事實，而且無論是理論上或實務上都未曾受到嚴厲挑戰。

布萊克－修斯－默頓模型是複雜性模型的完美範例。給定一組輸入條件，就可以確定諸如選擇權等金融資產的精確價值。尤有甚者，在他們的技巧中再多應用一點計算，這套方法的發想人就可以導出避險策略，以便消除擁有這類選擇權可能涵蓋的風險。金融世界最終擁有一套像時鐘一樣精確規律的公式。這是金融最接近數學的畢氏定理（Pythagorean theorem）的時刻。

● 避險基金長期資本管理公司

諾貝爾獎來得正是時候，修斯與默頓當時剛成為避險基金創辦人約翰・梅利威瑟（John Meriwether）的合夥人。後者是華爾街上知名投資銀行所羅門兄弟（Salomon Brothers）的超級明星債券交易員，他創辦的基金公司名為長期資本管理公司（Long-Term Capital Management），一般常以英文縮寫ＬＴＣＭ指稱。ＬＴＣＭ基金的關鍵策略就是應用布萊克－修斯－默頓模型的風險管理洞察力，在全球市場上交易大量的套利部位。這套公式的風險管理原則，將容許這支基金進入避險部位時同步管理風險。尤有甚者，基金操盤手擁有修斯與默頓這對「夢幻搭檔」以及幾位聲名遠播的經濟學家與交易員指導他們。

實際上，ＬＴＣＭ從創建之初就源源不絕獲利，賺得盆滿缽盈，甚至將一大筆資金退還給投資人，以便更能發揮自身規模的槓桿作用。據估，它的槓桿率接近三十比一；換句話說，它每投資一美元實際上是投入三十美元。基金經理人對布萊克－修斯－默頓公式的有效性與適用性信心滿滿，因此讓他們承擔過分龐大的風險，也賺取相應龐大的報酬。

然而，一九九八年，日益強烈的波動性開始成為金融市場日常交易的事實；先有亞洲貨幣危機與崩盤，後有俄羅斯違約部分主權債務。ＬＴＣＭ的模型說一切終將沒事，但它們顯然大錯特錯。正如羅傑・羅文斯坦（Roger Lowenstein）在著作《天才殞落》（When Genius Failed）中所記載，[4]這支基金開始以創紀錄的速度虧損。模型無法考量到市場有時候會不理性行事。LTCM的模型也無法精確考慮到，其他競爭交易員會採取反向操作的行動。就本質而言，LTCM無意間打造一套交易員的錯雜網絡，他們正在模仿自己的策略。

這支基金與其他主要國際銀行的交易部位非常龐大，因此加劇這種情形；這些銀行反過來也利用布萊克－修斯－默頓公式避免自己遭遇風險，因此銀行圈之間互相擴散的可能性極高。LTCM垮台將會是大災難，在金融市場上引爆漣漪效應，致使所有的可能性都匯聚成一場金融海嘯。為此，美國紐約聯邦準備銀行（Federal Reserve Bank of New York）介入並籌辦紓困計畫。

事後看來，許多市場評論家看待聯準會紓困LTCM是一場試俥行動，好為二〇〇八年金融危機期間所需的更廣泛援助暖身。諷刺的是，二〇〇八年金融危機也肇因於風險管理原則，而且它們的源頭都是布萊克－修斯－默頓模型。至於結果，本章稍後再做討論。

當然，最終的諷刺之處在於，原本用以避免並管理風險的公式，實際上卻以造成一場更龐大的系統性風險收尾。這意味著公式有錯誤嗎？答案為否。公式實際上是金融工程的出色壯舉，事實也證明它套入各種應用與許多不同類型的金融市場時，表現出高度精準性與可靠性。它甚至廣泛套入商業應用，好比評估收購或評估合約的彈性，像是專門授予職業運動員的合約。不過這套公式有一塊阿基里斯腱與相應的避險方法。這塊阿基里斯腱就是，推行模型時市場必須處於帶有已知與持續波動性的穩定狀態。

波動性指的是，在一段既定時期內金融資產價格會起起落落的幅度。金融資產價格大幅上沖下洗，代表它的波動性劇烈，另一種價格小幅起落的資產，則代表比較溫和的波動性。就技術而言，資產的波動性通常是由資產的報酬與平均報酬之間的標準差衡量。有些金融資產典型地具有劇烈波動性，但其他金融資產通常波動性較小。無論標的物資產波動性劇烈與否，布萊克－修斯－默頓模型都運作良好——問題發生於波動性發生變化之時。要是資產報酬「跳升」，亦即相當於標的物資產價格一步登天，問題就會變得格外嚴重。布萊克－修斯－默頓策略的預測基礎是，隨著價格從一個層次平穩過渡到另一個層次，可以在小額增幅的前提下買與賣標的物資產。這種可以持續交易標的物資產，卻不至於顯著影響價格的能力，交易員稱為流動性。當資產價格跳升，就會違反這道假設與基礎的避險演算公式中一大關鍵部分。

多數時候，資產價格的運作的方式讓交易員和避險玩家可以成功利用布萊克－修斯－默頓模式，但是正如布萊克和修斯以及之後修斯和默頓所發現，這套公式並非永保完美。當市場上發生俄羅斯債務違約之類的重大事件，市場價格會迅速、顯著反應，導致波動性出現違背基本假設的跳升與變化。這套模式分崩離析，避險操作的結果，事實上搞不好還比完全沒有試圖避險更糟。

布萊克－修斯－默頓公式是一套別出心裁的公式，可說是創造力、數學才華以及將深刻見解典範轉移至金融市場與風險的偉大工程，貨真價實值得獲頒諾貝爾獎。從我們的科學意義與外行人視角來看，它也算是非常複雜的公式，利用了鮮為人知的隨機微積分技術，這個數學旁支多半只有鑽研過高等數學或物理學的人才熟悉。布萊克－修斯－默頓模型的核心同時是一支描述熱力如何透過金屬棒移動的方程式。物理學中的熱擴散方程式是一門充分研究的領域，原理奠基於原子在金屬中的表現行為，由物理定律決定的精確度和均勻性會主宰金屬棒中的原子特性，但這種定律不存在金融市場中。金融價格沒有這種靜態的基礎定律，商業或金融等任何型態的市場玩家，對經濟的未來如何開展各自抱持截然不同的意見，因此，就個別與整體玩家而言，他們的行為缺乏表徵金屬元素中原子行為的可預測性。

遺憾的是，由於這種模式運作成功，再加上相關的風險管理洞見，讓交易員、監管機關、投資經理人與企業財務主管始終忽視它的弱點。事實上，他們極度渴望相信、信任這套公式，鮮少交易員或經理人願意花必要的時間與精神充分理解打底這套公式的數學與概念。這套模型被視為絕對可靠的黑盒子計算機，意指一道複雜性思維的清楚指示。正如ＬＴＣＭ所示，毫無根據地盲目相信公式會導致傲慢自大，還常常帶來災難性後果。

錯雜性讓市場無法保持穩定的波動性與價格自由跳動。有了錯雜性，你就會看到價格無可預測地上下跳動或是相位偏移，導致布萊克－修斯－默頓演算公式失靈。不過，這套公式的成功已經催生出一整門產業充斥理解數學、卻不理解和領會基礎市場如何運作的研究員與交易員。這就是為何布萊克、修斯與默頓起初自己應用公式下場交易時也慘遭滑鐵盧。套一句布萊克自己的話說：「市場知道某些我們的公式不知道的事。」[5]市場知道的是，這套公式不知道市場中有一種集體適應的智慧。市場理解，瘋狂、無可預測的價格跳動可以也將會發生，並願意為此負起責任；這或許不如應用複雜公式那麼講究精準、數學嚴謹性或一致性，卻是一種更強健、靈活的方式。市場——或者更精確來說，那些布萊克和修斯準備剝削的無知交易員——並不完全理解布萊克－修斯－默頓模型中的複雜數學原理，但他們確實憑直覺就明白市場很錯雜。雖說這些交易員中是否有任何人研讀過錯雜性科學仍待商榷，但這群人的集體智慧所展現的行動，卻有如他們早已掌握錯雜性。換句話說，一個相對無知的交易員形成的無領導人團體，集體採取一種優異的方式行動，最終打敗諾貝爾獎得主的致勝複雜公式。這是錯雜性思維打敗複雜性思維的經典案例。

儘管事實證明，布萊克－修斯－默頓選擇權定價模型存在缺點，但它為產業引進建立模型與定量風險管理，並將複雜性思維深深紮根在金融與風險管理中。當布萊克－修斯－默頓模型明顯是在提供精熟風險管理之鑰的承諾，市場對物理學家與數學家的需求便急速成長，那股熱潮至今不退，不僅監管單位、信評機構、機構投資者、當沖交易員甚至是菜籃族投資人，全都紛紛跳進來。提供金融工程課程和學程計畫的大學越來越受歡迎，這一點就是明證。比較資深、幹練的交易員相對不是那麼精通此道，往往表現超越嫻熟量化模型的同事，但這項事實似乎並未引起任何人注意，至少是到長期資本管理公司式的金融災害爆發為止。

我不是在暗示布萊克－修斯－默頓模型打從根本上就有瑕疵或不可行，實際上這套模型確實非常管用、深富洞見，但是套用的人得明白，它只能在天下太平時期才派得上用場。有效使用這套模型必須懷抱謙卑心態，充分領會市場是錯雜系統。在錯雜世界中，任何複雜模型充其量只是貼近現實，有時候甚至會嚴重曲解現實。盲目追隨複雜模型，並置身最終其實是錯雜系統之中運作，終究會導致出人意表的結果，而且根據莫非定律（Murphy's Law）來看，往往是人人不樂見的下場。

風險心理學

圖書館的書架上陳列各式各樣描述風險心理的書籍和文章。[6] 雖說古諺有云「不入虎穴、焉得虎子」，但是基本事實是，我們全都希望盡力避免生活中所有面向的下行風險。我們的風險偏好就是研究人員口中的不對稱風險趨避（asymmetrically risk averse），我們多數人都樂於放棄多賺一美元的潛在收益，以避免多虧一美元的潛在損失。換句話說，每單位的好風險帶給我們的愉悅感，低於每單位的壞風險帶給我們的痛苦感。

風險偏好的這種不對稱，會導致我們在日常生活中與身為管理階層時做出看似不理性、不一致的選擇。正如我在第二章所說，丹尼爾·康納曼與阿莫斯·特沃斯基是第一批投入一系列創新研究的研究人員，證明個人做選擇基於不對稱的潛在收益與損失。他們稱呼這種現象是「展望理論」，一向用來描述風險管理中常見的各種行為。

康納曼與特沃斯基留意到一種特殊行為，即個人回應一道帶有風險的決定，會隨著提問的形式或背景改變。他們稱之為框架效應（Framing）。舉例來說，當他們請教一些醫師是否會對病患進行特殊的危險手術時，會因為建構問題的方式不同而得到不同答案。好比這麼問：「如果有一種藥物治癒某種惡疾的機率高達九成，但是其他時候它的副作用將有致死之虞，你將會推薦這種藥物嗎？」另一種版本的問法是：「如果有一種藥物使用時會有一〇％的致死率，但其他時候卻能治癒某種惡疾，你將會推薦這種藥物嗎？」兩相對照之下，兩道問題其實點出就數學機率而言一模一樣的情境，但康納曼與特沃斯基留意到，選擇推薦這種假設藥物的醫師比率，取決於他們聽到的問題版本。

在任何特定群體中，個人會期待醫師這種接受最高度理性思維訓練的專才，能夠提供最一致的回應。但是提問醫師的結果，卻與隨機樣本進行測試的結果幾無差異。兩種回應很相似，人們針對一道帶有風險的決定回應不同，取決於這道問題或情境如何被建構。

顯而易見，這會為那些想要在任何情境下涉及計算個人如何做成決策建立模型的人，帶來極大的困難。每當論及好風險與壞風險時，人們會不對稱地做出決策，這項事實意味著，倚賴這些滲入當前風險建模做法的統計數據也不合理。正如康納曼與特沃斯基顯示的更複雜事實，決定也基於環境脈絡做成。風險建模的主要假設是結果呈現正常分布，換句話說，Y軸是結果的發生頻率，X軸則是可能結果的區間，兩者結合之下產生一張看起來很熟悉的鐘形曲線圖。鐘形曲線圖的關鍵特徵是它會繞著平均值對稱開展。事情有可能變得高於平均值，就像它們有可能變得低於平均值一樣。但這與個人實際做出決定方式有不一致之處，一如康納曼與特沃斯基歸納出讓人信服的結論。

個人不對稱解讀風險這項事實，為建立模型帶來挑戰。雖說圍繞著平均值的小偏差造成的影響可能很小，但是分布在任一方極端時都可能造成巨大影響，甚至導致典範轉移。

當然，風險建模人員也在一定程度上理解這一點，因此當前風險數學的目標是開發一套或一系列公式，建立出當今熟知的黑天鵝（Black Swans）或尾部風險模型。黑天鵝是那些罕見卻對結果造成不成比例影響的事件。[7]舉例來說，大地震是罕見事件，卻造成重大影響，足以改變某一整個地區的狀況；同理，中樂透抱回一大筆錢也被視為黑天鵝效應，雖然這次是好的黑天鵝效應。不過結果如出一轍。中樂透贏大錢的人這一生，被某種無可預測的方式永遠改變了，儘管未必都像樂透發行商宣傳的那樣以快樂無憂結尾。

簡言之，即使不將錯雜性的影響納入考量，為風險管理而採用複雜方式建立模型，都可能極具挑戰性。在帶有風險的情境下，個人做成決定具有幾種可能的面向，我們僅討論了其中兩種。當我們考慮個人組成的群體採取的行動時，複雜建模方式的挑戰仍繼續累積。

我們考慮群體如何做成決策時，會發現相關但不同的影響。第一道影響是已知的「確認偏誤」（confirmation bias），這個術語描述我們有意識或無意識間傾向找出支持我們最初想法或偏見的資訊，卻同步視而不見與我們觀點相反的資訊。儘管露骨的跡象顯示我們的決定存在某種缺陷，但確認偏誤往往會迅速加強我們一開始就產生的各種看法。

確認偏誤有一道清楚範例，就是政治團體明顯按照派系路線劃分你我的方式。部落格群組之類的媒體，以及二十四小時全天候放送的新聞台，都會發揮廣泛影響力，有助確認偏誤的影響永久存在並增強，讓它們甚至更強大、更難以對抗。

與其相似的「團體盲思」(groupthink),是一種已知的集體迷思現象,意指在同一支團體共事的人們具備一種會凝聚某種共識的內在衝動。團體盲思經常導引出次優的妥協和結果。重要數據或想法就和確認偏誤一樣,很可能被低估或甚至忽略。在「當下」這個即時時刻,某個決定將被認定是理性且最好的可能選擇,但若帶著更客觀的事後見解回顧,相同的決定很可能會遭到全面批評,而且被視為軟弱、無效率。

風險心理學的另一個面向,是所謂的「風險平衡」(risk homeostasis)現象。[8] 風險平衡意指,個人將會永遠採取某種方式行動,使他們承受風險的整體程度保持相對恆定。舉例來說,如果你戴著安全帽騎腳踏車,你很可能會比沒有戴著安全帽更勇於冒險。其中原則是,如果你戴著安全帽,就會覺得比較安全、無風險,因此你採取的行動實際上會和你整體的風險程度維持相同水準。採取風險抵減措施(即是戴著安全帽),可能實際上導致產生過度自信,做出與未採取風險抵減措施時不同的作為,因而加劇風險。

組織同樣無法倖免風險平衡的影響。美國信孚銀行(Bankers Trust)是一九九〇年代最重要的金融企業之一,也是將先進的風險管理技術當作策略不可或缺環節的企業。事實上,許多當前金融風險管理的最佳實務,最初都是由信孚銀行開發,但諷刺的是,一九九八年信孚銀行被德意志銀行(Deutsche Bank)收購,很大一部分原因是它的風險管理搞砸了。雖說信孚銀行具備一套強大的財務風險管理系統，卻忽略商譽風險，另外還有一系列涉及客戶的醜聞也在它的滅亡過程中發揮重大作用。

信孚銀行對自己那一套管理金融風險的複雜系統深具信心，導致這家企業忽略以人為主、更錯雜的風險。信孚銀行在建立模型方面具備的專業知識，讓它們偷占某些不那麼老練的客戶便宜。根據紀錄，其中一名交易員吹噓自己打算在金融交易中如何「敲竹槓」信孚銀行的一家客戶。寶僑家品（Procter and Gamble）就是其中一名客戶，它的律師群順利拿到錄音帶，成功起訴信孚銀行並要求賠償損失。信孚銀行的商譽損失實質上終結它的統治地位，也停止以獨立實體的型態繼續營運。信孚銀行基本上掌握住風險管理的複雜部分，失敗之處是不曾理解並管理風險管理中更細緻幽微的錯雜層面。

風險心理學至關重要，但諸如確認偏誤與集體迷思這類現象所示，風險社會學就算沒有更重要，可能也是同樣重要。理解風險心理學是一門個體如何、為何做出關於風險的不一致與不理性選擇，只是理解風險錯雜性的一道面向；更進一步，探討諸如組織或交易市場等群體部分成員做成的決定，創造出風險社會學，這又反過來引出另一道錯雜性來源。

風險心理學突顯看似不理性或不一致的市場決定與特質。群眾的決策或社會風險，甚至可能會導致典範轉移，正如對寶僑家品敲竹槓一事爆發後，信孚銀行的客戶拒絕集體與公司打交道時所發生的情況。市場玩家的特質都是真實存在，而且永遠不會改變。這就是體認風險管理其實不複雜，而是很錯雜如此重要的原因。

●在不確定中做成決策與監管

金融學教授里卡多．雷波納托（Riccardo Rebonato）研究風險管理，提出深富見地的研究心得《算命先生的困境：為什麼我們需要採取不同做法管理金融風險》（Plight of the Fortune Tellers: Why We Need to Manage Financial Risk Differently），書中概述關於當前的風險管理實務、在複雜架構中求生存的基本真理之一。正如雷波納托所寫：「在我們概念化風險後，命運幾乎就此消失了；實際上幾乎是從日常用語中消失了。總而言之，我們的態度出現一道普遍轉變，即是將命運消極後果的責任歸咎我們自己。」[9]

風險管理是一門在不確定性中做出決策的藝術，但是厭惡不確定性是相當自然的事情。不確定性暗示未知性，而且考慮到多數人都不願冒險，傾向於預期最糟局面，或至少更加重認定不確定結果帶來潛在損失而非潛在收益。當然這與稍早討論過康納曼及特沃斯基的展望理論一致。

個人、風險管理師與組織為了擺脫不確定性，傾向尋求布萊克－修斯－默頓模型這類複雜性思維實務。這類公式與科學手法，無疑帶來一種提供確定性與理解的幻想。除此之外，能夠依據某些可計算的結果採取行動，單單是這項事實就足以帶來一定程度的滿足感。但是其中存在自相矛盾，亦即「在不確定中做成決策」這門領域，是以具備確定性的科學及複雜性思維當作預測基礎。

複雜性思維實務也受到監管機關與政治家青睞，使得多數規範都是專門為了防止潛在的不利結果設計發展，而非試圖利用不確定的積極結果。激勵誘因偏斜，加上監管機關與政治家渴望被大眾認知成正在推行被視為勤奮思考與最佳選擇之產物的有建設性行動，導致許多意想不到的後果；以後見之明來看，也許這些規範帶來的價值最佳也只是模糊不明，最糟則是適得其反。

美國前運輸安全局（Transportation Security Administration）局長奇普・霍利（Kip Hawley）投書《華爾街日報》表達觀點，概述一份九一一恐攻事件之後推行機場安全措施的評論性分析。[10] 霍利在文中強調：「運輸安全局的職責是管理風險，而非執行法規。恐怖份子的適應力強大，因此我們有必要跟著具備適應能力。但道高一尺、魔高一丈，因為恐怖份子總是到處鑽漏洞設計他們的陰謀。」這套論述幾乎完美總結一道主張，亦即為何規範與風險管理有必要背棄複雜性思維，接受錯雜性思維的彈性與原則。恐怖份子就像金融交易員或商業競爭者一樣，會回以具備適應能力的錯雜反應，若想成功與他們抗衡，就必須具備錯雜性而非嚴格法則與規章。

機場的安全實務已經為出差旅行的民眾帶來難以估量的不便性，並顯著改變商業及休閒旅遊。就延誤與費時等待的角度而言，直接成本龐大；安全措施帶來挫折感與壓力的隱藏成本，甚至可能更顯著。沒有人希望恐攻行動發生，卻也不能任由管理恐怖份子造成的意外成本，反而變得比他們試圖防範的風險的成本更高。

霍利在文中主張，運輸安全局的職責是「防止針對運輸系統的災難式攻擊，而非確保每一名乘客在差旅途中都能避免傷害」。他進一步指出：「運輸安全局的領導團隊應該要被賦予更多與旅客互動的裁量權，並在整座機場內部組成更鬆散的工作團隊。即使是主管犯錯，運輸安全局的領導團隊也應該做好支援主動性行動的準備。」這就是錯雜性思維，出自一位試圖逆轉法規固有的複雜性思維趨勢的人士之口。

●企業風險管理

企業風險管理（Enterprise Risk Management）一般簡稱為ＥＲＭ，是風險管理的特殊領域，試圖從縱觀全局的視角理解組織的風險管理。企業風險管理第一次問世出自美國反舞弊性財務報告委員會（Treadway Commission）所屬發起組織委員會（Commission of Sponsoring Organizations），比較常見的稱法是ＣＯＳＯ。發起組織委員會打造一套架構，並明確承認遍布整體組織的風險環環相扣、息息相關。特別是昔日能源大廠安隆（Enron）與電信商世界通訊（WorldCom）爆發會計醜聞與破產事件後，商業社群與相關的監管機構都大聲疾呼要求改進風險管理實務。發起組織委員會提供的全面風險架構是最早版本之一，很快就被視為大型組織最佳風險管理實務的縮影。[11]

從發起組織委員會與後續的風險管理架構得到的具體收穫就是，風險管理不能設在企業內部的職能孤島中完成，而是必須跨組織部門協同努力。除此之外，有必要識別、解釋並適當管理企業內部不同部門之間的風險相關性。發起組織委員會與隨後問世的 ISO 31000 這類架構，全都採取一種持續監控與溝通的表達口吻，明定風險應該被（一）識別；（二）評估潛在影響；（三）適當因應。

這套框架涵蓋的兩大關鍵步驟是（一）辨識風險與（三）持續溝通與監控。由於風險正是從不間斷的錯雜適應系統一部分，有必要持續監控。好風險與壞風險以及各自的嚴重程度，都會隨著時間拉長產生動態變化，因此一旦少了持續溝通與監控，組織將會處理無足輕重的風險，同時卻錯失有必要減緩或利用的新興或乍現風險。

風險管理涉及採取行動，以便最大化好風險事件的可能性和強度，也同步採取行動降低壞風險的可能性和嚴重程度。有了這道定義，發揮創意辨識潛在好風險與壞風險的重要性就自成一個核心構成要素，我將它稱為「納森的風險管理第一定律」（Nason's First Law of Risk Management），指的是：認識風險有存在的可能性；倘若是好風險，便自動提升發生的可能性與強度；倘若是壞風險，則同步降低發生的可能性和嚴重程度。

這是簡單啟發式做法，但通常有效而且與錯雜性保持一致。複雜性思維暗示，你可以檢視一種狀況並隔離某些部分；複雜性思維也暗示，你可以單單聚焦下行風險、單獨管理它，並因此減緩你的風險。看待事物的錯雜性觀點則是體認到，風險同時有上行與下行元素，管理其中一種面向會影響所有其他面向。風險管理有必要採取縱觀全局的手段以便處理錯雜性。風險不限於個別獨立存在，萬事萬物經常採取無可預測的方式相互影響。

請試想一下看老天爺臉色得體穿搭的風險，當作納森的風險管理第一定律公認的第一道瑣碎範例。眾所周知，天氣不可預測，但是如果你體認到天氣有可能改變，同時帶上雨傘與遮陽帽，比起別人離開家門從事日常活動時完全不考慮天氣，你的穿搭將會更游刃有餘。紐約等主要城市的街頭小販都明瞭風險管理內在相通的面向，隨著天氣改變，他們販售的商品也會適時改變，讓那些即使是擁有先進供應鏈管理系統的最先進企業也眼紅豔羨。街頭小販在自己的商業模式中創造彈性與適應力，他們並未廣泛預測、計劃，但隨著天色變化，他們就知道快要變天了，商品需求會隨之改變。這道常見但瑣碎的範例顯示，從任何意義上講它並不複雜。

●二〇〇八年金融危機：複雜性思維個案研究

許多書籍、文章、電影和紀錄片都嘗試解釋二〇〇八年的金融危機。即使過了快十年，全球各地依舊可以感受到它的經濟影響。從各方專家發表的所有評論中可以清楚看見，這場危機沒有單一肇因，而是一連串催化劑創造這場經濟風暴。許多促成因素都是善意的產物，本身卻具備意想不到的不良後果。金融危機堪稱典型案例，也就是將帶有複雜性思維的風險管理與監管應用在我們錯雜的金融市場中，亦即假設風險可以被獨立「解決」、「規管」的後果，更可說是我們沒有意識到，相互連結性與反饋循環存在現代全球市場架構中有其重要性的後果。此次危機是乍現起作用的樣板個案，最重要的是，二〇〇八年金融危機顯示法規與風險管理其實不複雜，而是很錯雜。

之前的評論家都已檢視、辯論各種導致或促進延長危機的元素之重要性，許多名嘴主張如果當初曾經修改這道規定或是那項規範的話，情況就會大不相同。當然，許多評論員也指出，銀行家、投資人貪婪成性才是罪魁禍首。複雜性思維將會尋找單一或一組肯定的肇因，但若採用錯雜性架構則可以主張，實際上是採取理性的複雜性思維規管並試圖掌控市場的舉動引爆這場危機，正是這些有意用以防杜的措施所致。

其中一道促發元素就是低利率。毫無疑問，聯準會前主席艾倫．葛林斯班（Alan Greenspan）手動保持低利率的時間太長，因此催生出房市泡沫，未來將繼續在史書中備受嘲笑。諷刺的是，只要美國經濟在那段期間繼續欣欣向榮，葛林斯班就會一直被追捧為金融救世主

除了房市泡沫，低利率還帶來幾道意料之外的後果。第一道就是投資人的收益急跌，特別是退休基金和捐贈基金之類的機構型投資人，它們負有合約義務必須審慎投資，好為它們的委託人賺取可接受的收益。這些機構投資人不是過分熱中、貪婪的避險基金類型，而是認真試圖讓我們所有人在年老後可以拿退休金的支付款購買食物、暖氣與住房。傳統資產的低收益迫使他們轉向其他領域尋找可接受的報酬。在如此低利率的環境中，就強制委託最低報酬的法規與要求使用的投資工具來說，這些機構投資人鮮少有其他選擇。更高報酬可能性的新投資產品需求不斷成長，投資銀行家可是超樂意提供這類產品。

第二道元素是「採市價評價」（mark to market）的會計做法，此做法是回應法規要求，旨

在改進分析金融機構財報的透明度。採市價評價會計做法要求銀行與其他金融機構採取當前市價而非購買的歷史價格，定期更新投資與交易部位等自身資產的價值。一般來說這是良好做法，但假設基礎是市場具備「動物精神」，總是理性、正確定價這類資產。低利率讓投資人過度自信，因此以後見之明來看，許多資產價格都不理性地推升到泡沫程度。在一套採市價評價的架構中，這意味著銀行在自己的資產負債表中過度高估資產，進而鼓勵它們加碼投資資產。不利的一面是，投資人傾向恐慌並在人為壓低價格時交易。當經濟衰退發生，迫使銀行貶值或減免資產，這一步導致加速反饋循環，進而侵蝕投資資產的會計價值，然後又反過來摧毀投資人對金融健康的信心，亦即銀行與退休基金等其他受制於採市價評價會計做法的實體機構。

政治力量推動提高住房貸款給那些經濟條件處於不利地位的族群，稱得上是另一項崇高但引爆意外負面後果的倡議。政治家推動立法，敦促銀行同意在謹慎放款標準檢視下絕對不會批准的申貸案件，因此打造出一個次級房貸市場。銀行家發放這些貸款時被高人氣媒體大大嘲笑一番，但某個程度來說是立法機關強迫他們這麼做。即使最腦殘、最貪婪的銀行家也知道，這些貸款中很大比例終將肉包子打狗，唯一問題是會有多少樁、速度有多快。在低利率環境中，房市價值幾乎穩定、可預測性地走高。在這種環境中，次級房貸的早期經驗為數學模型提供結果，亦即次級房貸的違約率充其量只是最低值。就算在最壞的情況下，次級房貸借款人理應能賣出他們的屋舍，或許還小賺一筆。這些房貸的下行風險似乎有限，促成次級房貸市場急速膨脹。

信用衍生性產品和證券化市場發明擔保債權憑證（Collateralized Debt Obligation, CDO）救了銀行家一命。信用衍生性產品、證券化與擔保債權憑證全都具備以下特徵：它們允許銀行為了降低自己的信用風險總量，將風險賣給投資人——像是陷入困境的退休基金操盤經理人，因為他們正煩惱如何為退休族群創造足夠價值，好讓他們安享晚年。擔保債權憑證與證券化技術也有助於壓低房貸利率，因為全球投資人採用更聰明手法打造的房貸架構，協助美國人以越來越低的房貸利率住進新房，進一步提供新的籌資管道。信用衍生性產品的做法相近，提供大量低成本融資，讓企業有能力擴張。信用衍生性產品甚至還提供銀行家一種將次級房貸風險分散他人的方式，也就是利用信用衍生性產品創造更高收益與據稱更低風險的投資資產（至少是模型自己說的）。對那些拚命尋求收益的投資人來說，此時正是完美時機！

信用衍生性產品催生量化信用風險建模的新研究領域，銀行業竭力吸引甫出校園的金融與物理博士入行，使用諸如極值理論（Extreme Value Theory）與高斯連結函數（Gaussian copulas）等深奧的概念與數學工具建立模型。[12]旨在確保全球銀行業系統穩定性的嶄新全球銀行業標準也鼓勵這類研究。在名為《新巴塞爾資本協定》（Basel II）的國際銀行業務準則下，由於未償貸款被投資於銀行的資產淨值總額所攤除，銀行被鼓勵將信貸風險維持在低於門檻水準。監管機構鼓勵使用信用衍生性產品，因為它降低銀行所承受的信貸風險，並使《新巴塞爾資本協定》的比率保持在法令遵循要求的水準之內。更廣泛使用信用衍生性產品，意味著銀行的風險看起來比較小，因此可以讓屋主與企業和公司延展更多信用。

這種深入洞察信用衍生性產品的見解，刺激業界開發出用以精確測量和定價信用風險非常優雅的模型，也促成更複雜的信用衍生性產品結構及擔保債權憑證。但是這些模型倚賴一些相當可疑的假設，也倚賴諸如違約率與相關性等變數的準確程度。一開始，模型運作格外出色，因此廣為接受，儘管幾乎沒有三十歲以上的人理解它們是什麼玩意，亦即任何具備重要銀行經驗或投資管理經驗的人都不懂。

這些立意良善的法規，導致虛假的良好信用狀況，很容易就以非常誘人的價格籌到資金。違約率偏低，房屋自有率衝上歷史上的新高水準，消費者與製造信心高漲。然後命運之風開始微妙轉向，原本耐著性子等待上場時機的意外後果，終於站上舞台前端，開始慢慢現身。

首先，違約率開始緩緩爬升，暴露出用於評估信用衍生性產品、擔保債權憑證這套模型的弱點。投資經理人與銀行家開始看到自己的資產價值微幅下跌，於是尋求「股市分析高手」指點迷津，但可以理解的是沒有得到滿意答覆，因此決定賣出。問題在於，鮮少市場玩家、主管機關或銀行經理明白何謂高斯連結函數，或是這些工具背後的數學的任何其他面向，或甚至法規、會計與銀行財務比率所依存的數學原理。創造這些產品的金融工程師都具備複雜性思維，理解自己正在鑽研的數學為何物，卻不理解或領會金融市場的錯雜性與投資人與屋主心態的錯雜性所具備的細緻幽微之處。相對來說，那些身經百戰的銀行家與投資人可能對市場的錯雜性具備直覺的領悟力，但他們並不完全領會或理解嶄新的投資數學的精密程度。

當投資人與銀行開始退場並出售精密複雜的金融資產，推動價格進一步下跌，這是採市價評價的會計規範所致，因此對銀行的資產負債表造成傷害。投資人與銀行本身對銀行的信心全失，隨著採市價評價會計規範進一步惡化越來越難看的資產負債表，銀行的籌資管道乾涸。隨著銀行籌資管道乾涸，銀行之間在交易時便要求對方提供更多抵押品，並開始出售資產。這一步便是導致資產價格繼續下跌，反過來導致利率上升，意味著違約率開始走揚。隨著違約率開始走揚，用以定價資產的這些模型與相關假設就開始崩潰，導致一波更強大的出售潮，引發價值進一步下跌，進而促發持續的螺旋式下降與崩潰。

這場崩壞帶來幾堂具體教訓。第一，包括投資人、監管機關、政治家和一般大眾的所有人在內，都應該負起看待金融市場是一套環環相扣的錯雜系統之責。忽略這道事實幾乎無可避免會導致實務做法和法規產生意想不到的後果。表面上看起來出色，而且個別檢視也絕對理性的實務做法，可能帶有其他會讓它們的原始效力失靈的連結與關係。第二，複雜的模型不是現實，明智的做法就是不要成為它們的奴隸。模型非常管用，確實也有必要，但它們絕對無法取代思考與經驗累積而來的智慧。特別是金融世界的風險管理和監管，比較像是藝術與社會學，而非科學與數學。

許多評論家都尋找危機發生的「肇因」，但沒有什麼「肇因」比得上匯聚在一起的事件共同產出一系列相互關連卻意想不到的後果。金融危機不像是單一或一組肇因的產物，反而是錯雜情境的產物，它是從金融潰敗中乍現。最終，理解危機最終得歸結到體認一件事，亦即一點也不複雜，只是很錯雜。

●結論

風險的錯雜本質教會我們，風險管理並不僅是審計並勾選確認清單。當風險本質上屬於簡單或複雜類型，審計與確認清單是很合用的風險管理工具。但是當今商業固有連結性與全球化，重要的風險議題幾乎總是屬於錯雜類型。風險管理必然是一道反覆、乍現的過程。在錯雜脈絡下的風險管理，需要其他商業領域具備的相同錯雜性思維特質。風險管理師有必要學習體認風險的乍現特質；他們有必要期待相位偏移、典範轉移、意義不明與非線性行為，以便因應眼前或即將面臨的風險。錯雜風險必須「被管理」而非「被解決」。最終我們都要明瞭自己正在管理風險。這一點很重要。

我們在本章檢視各階段有關發展風險與風險管理的思想。隨著布萊克－修斯－默頓模型發展，便打從根本上改變一場原本是精算可能性的演練。風險管理是置身不確定性中做成決策的實務，但如今我們生活在一個各種利益關係人期待它成為一門科學、具備傳統上與物理科學相關的完全掌控權與預測性的時代。可是這種複雜性思維模式，與置身日益錯雜的世界做成商業決策的現實天差地遠。堅守複雜性思維會導致意想不到的後果、風險平衡、效率低下，以及無效解方與實務。

管理階層需要在自己的風險管理技巧、實務與策略中納入錯雜性思維，或許最好也記住身經百戰的金融風險交易員所說：「唯一完美的圍籬只在日本花園。」

第 9 章

錯雜的未來

●日益不複雜的時代

蒸汽機問世之前，肌肉和工藝是成功創業的必要條件。隨著技術與工程技能取代赤手空拳成為主要的生產要素，蒸汽機便促進工業時代發展。肌肉成為一種大宗商品。雖然工藝仍有其必要性，但機器可以完成許多男人甚至牛群集力完成的工作。以最大化人類功能與工程進展的角度而言，科學管理開始在二十世紀前半段扮演重要角色。隨著曳引機、火車、公車與汽車取代役馬，再也不使用動物當作生產要素。

二戰結束隨即帶動消費者時代與市場行銷崛起。科學與工程學扮演的角色迅速竄紅，大量新產品變得可能而且易於負擔。產品開發、行銷與分銷越來越強調效率，隨著機器與隨後的機器人可以完成更多任務，並且更能勝任達成精細的任務，人類身為實作者的角色被淡化了。不過職場中尚有管理需求，「組織人」這種管理階層便順勢而生，日益變得重要。這為我們帶來當前複雜性思維管理階層的時代，也就是專業經理人時代。

在每個時代，隨著商業環境、嶄新想法與技術問世，成功的主要組成要素會被新的組成要素取代。我們當前置身專業經理人時代，技術技能結合管理技能是成功必備元素，但是慢慢地這個時代即將讓位給商業管理的下一個時代。

在當前的「專業管理人時代」，大量專業白領管理階層從事管理藍領勞動工人的事務。動手幹活的人與管理各項差事的人之間存在分歧。諷刺的是，那些管理各項差事的人，可能根本不具備任何可以完成他們管理的工人所執行任務的產業技能。這種不一致性已經被拍成人氣爆棚的電視實境秀《臥底老闆》（Undercover Boss），劇中讓一位組織的資深管理階層接受挑戰，成為公司的新員工。這部美劇的前提是，資深管理階層下海體驗成為第一線實際實行任務的員工是什麼滋味。一般來說，「老闆」都不太能勝任第一線員工所做的工作。

但越來越常見的是，動手做的工作外包給其他國家的勞工，離岸外包和自由專業人士崛起，使得許多管理角色變得多餘。專業勞動力正在改變，白領中階管理階層的工作受到威脅。正如肌肉變成大宗商品一樣，接著是工程技術能耐變成大宗商品，現在連複雜性思維的專業管理階層也有變成大宗商品的危險。我們這個超級連結新世界有的是變得更環環相扣的無限範圍，正在對著管理專業人員提出全新要求。它不再是知識工作者的時代，而是變成創意工作者、彈性工作者與錯雜性工作者的時代。商業中的錯雜性正將複雜思想家排擠出去，轉而為錯雜性思想家、以錯雜性為目的之企業與組織創造嶄新機會。這個命令與控制管理階層的時代，正讓路給容忍風險、先試、後學、再適應的管理階層。知識是一種大宗商品，唯一可長可久的競爭優勢，屬於那些可以因應錯雜性的人。

錯雜性日益增多

雖然我們無法預測未來，但似乎可以合理確定的是商業環境將變得更錯雜。至少有七道典範轉移不是那麼巧妙地改變商業環境，並引發錯雜性日益增多。這七道轉移是（一）全球化；（二）網際網路；（三）社群媒體；（四）在目標對象身上發揮創意想法與體驗，以及服務即創造獲利手段的嶄新優勢；（五）認清楚想法與體驗比產品更具擴展性；（六）大數據日益重要，（七）錯雜的社會議題身為全球政治議程驅動力的角色。

這些因素中有幾項在某種程度上一向很重要，但現在它們自身重要性的本質正在改變；尤有甚者，它們促成的變化都會更迅速發生，而且在全球範圍內變得更重要。這些要素全都在某種意義上相互連結、相輔相成，因此，這些要素無法被單獨區隔、個別處理。這些要素本身都很錯雜，但集合起來也自成一套錯雜系統。舉例來說，全球化驅動網際網路，網際網路也驅動全球化。兩者皆影響社群媒體，進而反過來強化全球化和網際網路的重要性。這些要素在它們彼此之間創造一系列的錯雜反饋循環。

典範已經依據錯雜性轉移，不是線性變化，也不會很快就成為線性變化。這個世界不會變得更複雜，而是變得更錯雜。

全球化

全球化一向是商業與整體經濟環境的重要組成部分。很大程度上來說，全球化導致十九世紀大英帝國崛起、統治。英國優越的海軍基礎設施讓它具備強大的競爭優勢，得以開展並維持東方航向西方、北方航向南方的貿易路線。現代化貨櫃船、相對廉價的航空旅行，以及支援全球物流服務的企業。已經讓帆船時代看起來古風盎然，也徹底改變全球化的意義與動態。

單單一家企業（遑論一個國家）透過全球連結並掌控供應路線就能坐擁競爭優勢的時代，

正迅速邁向終結。雖說在地市場的知識依舊重要，但它身為可長可久的競爭優勢的影響力正持續衰減。

現在這個世界更加環環相扣。網際網路與它所提供的形形色色溝通方式已經大幅縮短距離，改變地理相關性的程度，已經到了一種要是不為國內的政治目的制定法規，全球貿易便將幾乎是無縫運作。即使如此，多數已開發國家與許多開發中國家的政府依舊共同努力，借道貿易區塊與貿易協定提高商業效率與貿易。北美自由貿易協定（North American Free Trade Agreement）與歐洲經濟共同體（European Economic Community）就是其中兩道突出的範例。

隨著全球化程度日益提高，連結性也越強，因而成為錯雜性的催化劑。在世界某個地區興起的消費者趨勢與創意想法，很快就能跨境傳播、複製；更重要的一點是，創意想法傳播的更遠、更快。

全球化崛起漸漸削弱大企業的規模優勢。在印度的小型製造商競標巴西或北美的合約，就和那些總部就設在這些國家的本土企業一樣輕而易舉。地理距離變得不再是障礙，知識傳播便宜又快速。

全球化加快乍現可以在事件中扮演某種角色的速度與容易度。舉例來說，航空旅行無所不在，大幅提升全球大流行病的風險。阿拉伯之春（Arab Spring）始於一場微型革命，起因是一家商店小販自焚抗議埃及政府貪汙，結果迅速蔓延到整個阿拉伯世界，導致短短幾個月內十幾個國家接連起義。占領華爾街（Occupy Wall Street）行動在社群媒體串聯下，抗議人士占領各自的居住城市，抗議日益不平等的態勢下，很快就蔓延至全球九百多座城市。

阿拉伯之春抗議行動與占領華爾街運動都沒有任何形式的正式領導核心，本質上它們都是無領導人、由基層推動，而且自立乍現於一套典型錯雜系統。兩場運動都如此迅速、無縫跨越國境，這項事實昭顯全球化所帶來的錯雜性力量。既然很少需要或根本不需要正式、耗時的協調，乍現的無領導人本質也促進快速的全球趨勢。乍現可能有時候快得讓人難以置信。對那些相信自己被國界與地理保護的企業或管理階層來說，箇中意涵應該相當明顯。

網際網路

不到二十年，也就是不到典型工作生涯一半時間，網際網路就催生出一整批全新產業，劇烈改變甚至導致許多其他企業滅亡。幾乎沒有任何產業或職業至今得以不受網際網路影響。

從報紙到雜誌與書籍的印刷出版業已經永遠改變，許多曾經強大、有影響力的媒體管道，如今早已不復當年勇或根本消失。獨立書店幾乎已經滅絕，即使是強大的連鎖書店也無法幸免於難，正如曾經不可一世的連鎖書店商疆界破產所示。電子媒體削弱紙本印刷的需求；由於線上購物問世，形形色色的零售商不是自我適應就是邁向死亡；旅行社必須與網路預訂平台及社群媒體競爭，為消費者篩選並整合飯店、航空與度假與及商務目的地的有利條件；隨著運算功能移向「雲端」，即使電腦硬體與軟體產業都已受到波及。

很難推測網際網路將如何繼續演化並對產業造成什麼影響，但看起來肯定的是我們依舊置身網際網路時代的早期階段。網際網路只是剛開始在全球範圍內無所不在，隨著觸及程度變得越來越廣泛，生活的所有面向將會繼續出現改變。所謂「物聯網」可能催生某些非常讓人拍案稱奇、意想不到的後果。正如錯雜性與乍現帶來意外，網際網路也可能繼續以各種讓人興奮的戲劇化方式改變商業格局。網際網路是一具錯雜性機器，也是錯雜性推進器以及錯雜性催化劑。

社群媒體

與網際網路密切相關是社群媒體的影響力。社群媒體的影響力改變我們思考企業與它們的產品與服務的方式。社群媒體現象創造不斷演化的群體和社團，推動消費者、社會、政治和生活方式的行為。社群媒體管道提供讓錯雜性蓬勃發展的媒介之間的連結。

至今智慧型手機產業的最大驅動力一直都是社群媒體，而非開發之初設定的音樂功能或網路連結力。智慧型手機除了發送簡訊之外，最常使用的應用程式就是推特、臉書、領英或釘趣（Pinterest）這些社群媒體。

可以說，社群媒體的推動目的就是讓我們可以被他人連結，同時也能創造自己的連結。結交更多「朋友」、粉絲或同好和你「鏈接」才是目標，連結的品質則是次要。

創造連結的重要性證明一項事實，那就是臉書崛起背後最重要的推力或許是「按讚」功能。很少人會承認這一點，但臉書貼文的主要原因就是為了被「按讚」，因為這是社群媒體世界中自我驗證的形式。在這個較勁誰的社群媒體地位高的世界，有一道內嵌的激勵誘因，亦即張貼好玩、有趣、有創造力或吸睛的文章是想要增加自己的「按讚」數。臉書的按讚、YouTube的點閱數或轉推，創造一系列反饋循環並加速乍現。社群媒體用戶滑遍應用程式就是為了找出當今的人氣王，也尋找正在趨勢發軔初期的創意點子，箇中的激勵誘因就是及早在人氣爆棚之前挖出一道想法或故事。一般相信，某人身為第一號協助某件事在網路上瘋傳的人，就是驗證他身為趨勢創造者、打造個人可信度並成為新型態社群自尊的基礎。

美國有線電視新聞網是一家明確承認社群媒體重要性的企業。這家新聞組織的傳統角色就是策劃並展示新聞，同時也在線上新聞摘要的標題直接指出什麼事「正釀成趨勢」。資訊的重點已經不再是你覺得什麼事重要，甚至什麼事重要，而是「鄉民」怎麼想才重要。這是策展的民主形態。

社群媒體崛起創造新版本的「凱因斯主義（Keynesian）選美大賽」，這是英國經濟學家約翰．梅納德．凱因斯（John Maynard Keynes）開發的思想實驗，用以描述股市投資人的行為。在凱因斯主義選美大賽中，裁判的角色不是選出自己眼中最美麗的候選人，而是他們猜想其他裁判會挑選的最美麗候選人。協助創造並支持社群媒體趨勢的重點也很相似，在於選出你覺得其他人會喜歡、而非你相信最值得按讚的內容。對產品行銷而言，這種心態帶有違反常情、讓人驚訝的意涵。

想法和體驗，而非物件

諸如智慧型手機、優步計程車或甚至自駕車等科技，正在形塑一個想法和體驗的年代，而非以物件為重。越來越常見的現象是，大獲成功的產品多屬想法而非實物。舉例來說，社群媒體公司是一批當今成長最快速的企業，但是它們不製造或提供任何傳統意義所指涉的產品或服務；反之，它們提供一種連結方式。吸引最多目光的產品，就是讓用戶可以自己尋開心、串連結或做事更有效率、更快速的應用程式。消費者微妙地從擁有感轉向體驗感。

即使是汽車與冰箱之類的傳統產品，也正朝著這道方向移動。Google正引領開發無人車，但幾家汽車製造龍頭的產品早就涵蓋這種避免碰撞的技術。連網冰箱可以追蹤你的冰箱存貨並擬定自動生成的採購清單；穿戴式健身裝置可以追蹤你的生理活動、心跳率之類的重要徵兆，讓你可以和朋友在一段既定時期內較勁最大運動量。連結力與自動化變成賣點，而非物件本身。

最好也把Google眼鏡或是智慧腕表之類的新穎產品想成想法與體驗，而非實質物件。兩者背後的賣點都是它們提供擁有持續連結世界觀的可能性。在傳統上來說，工藝精神與風格是眼鏡與手表之類實體物件的賣點，但至少在當前的開發階段，穿戴式科技的風格當作賣點不如它提供的體驗那麼重要。

另一道仍處於早期發展階段的技術是3D列印。隨著3D列印的可取得性提高、成本降低，市場對想法與概念的重視程度也水漲船高。離岸外包對西方經濟中製造業角色式微的影響，似乎比不上3D列印的潛在轉型效應。隨著製造商角色式微，想法與概念身為價值要素的重要性便相對增加。藍圖將借道社群媒體的群眾智慧崛起，而非訓練有素的工程師與繪圖員努力產出。

擴展性的時代

隨著商業發展更加朝向基於創意想法與體驗而非物件，也有一道相關移動正朝向擴展性發展，無論公司的本業為何。現在新產品的價值越來越取決於它具備「在網路上瘋傳」與無限擴充的潛力。考慮到全球化速度、網際網路與社群媒體的影響力，以及想法與體驗的優勢遠高於實體物件，產品擴產性的潛力變得至關重要。

或許沒有第二家企業能夠像亞馬遜一樣徹底體現擴展性。亞馬遜的商業模式倚賴規模。亞馬遜大手筆削減傳統書商可以為自家產品提供的價格，並進一步創造規模。亞馬遜成立初期虧損累累；尤有甚者，亞馬遜賣越多，虧損就越大。當時有一則笑話這麼講：「亞馬遜賣的每一本書都賠錢，但是它用衝大銷量彌補缺口。」現今，亞馬遜雖然實現驚人的營收成長，但是就一家同等規模的企業而言，只能算是勉強維持微薄獲利，而且它的股票公開上市至今已經超過二十年了。

亞馬遜看似正在追求成為「萬貨商店」。[1]這是純粹的擴展性模型。雖說規模經濟一向是重要的競爭要素，其他錯雜性要素也正驅動擴展性的重要性邁向全新層次。尋求擴展性可以想成試圖趕上新興浪潮的替代說法，相當於單單餵養蝴蝶以便觀察是否能產出蝴蝶效應的商業結果。

就像是灌溉一道想法，期望乍現可以讓它產出獲利。

大數據

大數據現象在很大程度上是由網際網路與社群媒體大行其道所促成，在錯雜性演化過程中正發揮一體兩面的功用。首先，使用大數據正在將管理階層的直覺與第六感轉譯成實際統計數字；第二，它正在將傾向性建立成可能性的模型，管理階層有了這些可能性就可以選擇將消費者的隨機行動視為頻率分布，或者可以選擇看待它們是非隨機性線索，以便建構消費者行為的模型。在任何一種情境下，大數據的角色就是要降低複雜性思維管理階層的角色。

使用大數據簡化並隱藏真正標註我們身為消費者的記號，會形成客觀化直覺。它將常客統計數據最大化，將隨機性混入一系列平均值與傾向性，有意隱藏真實生活中許多的隨機性與錯雜性。對那些以規模為主導的企業而言，這是值得做的非常有用、有效率的事；對小型、敏捷的企業而言，它創造珍貴的利基，適合用以服務隨機性或迎合許多不屬於平均範圍內的客戶。

大數據做不到的部分，是想像並創造新趨勢或新典範轉移。大數據或許可以確認趨勢，但無法創造趨勢；尤有甚者，大數據只能就事論事，無法推敲可能性。對胸懷抱負的錯雜性思想家來說，這部分提供有趣的機會。現在各界對大數據專家湧現需求，當前他們正處於複雜性思維的領先地位，但是隨著人人基本上都可取得數據，單單立基於大數據就想打造競爭的長久優勢相當困難。這一點便為具備錯雜性心態的人創造機會。

錯雜問題的時代

當今的世界所面臨的許多議題都是錯雜問題，氣候變遷、用水短缺、人口結構變化、經濟停滯以及不斷位移的全球權力格局，本質上都是屬於錯雜類型。正如我們所知，這些宏觀議題都具備戲劇化改變政治格局、消費者情懷以及企業未來的潛力。

到目前為止，或許受到最多關注的錯雜問題就是氣候變遷。氣候變遷的基礎科學在很大程度上是奠基於錯雜性理論。多數氣候學家相信，全球氣候是一套錯雜系統，打底的錯雜科學具備模稜兩可的本質，多數關於氣候變遷是否正在發生、該做些什麼事才好的政治辯論各執己見。氣候變遷不僅是就科學本身而言錯雜，意涵本身亦然；它們帶有長期、具備潛在的災難性、幾乎完全無可預測，而且政治上爭議頗大的特性。氣候變遷可能被視為一系列錯雜問題的集合體，每一項構成要素本身都很錯雜。

氣候變遷是導致替代能源之類新產業、電子車及節能綠色建築之類新產品、回收之類新活動、新政治運動與政黨，還有消費者態度改變反對大型休旅車等新現象乍現的議題。氣候變遷或許是當前闡述世界如何變得更錯雜的模範議題。遺憾的是，氣候變遷管理看似被教條主義驅動，當然它是個人應該如何管理錯雜議題的反面論述。

新鮮用水可取得性是另一道錯雜議題，某一部分可能與氣候變遷有關。新鮮用水不只是攸關飲用與個人使用，更與各種產業用途有關。圍繞諸如用水之類基本事務的管理和政治問題極為錯雜。雖說已開發國家的關切程度至今已經相對輕微，但新鮮用水看似在相對接近的未來可能成為日益重大的議題。幾位評論家拿一九七〇年代的石油危機比較可能的用水短缺問題，隨著氣候變遷，用水浮上檯面成為全球議題的可能性也越來越大。

人口統計本身並不錯雜。我們檢視出生模式與死亡率，就能相當精確地預測遙遠的未來不同年齡族群的相對規模。人口統計的錯雜性在於，其中的未知意涵與已知影響即將發生變化。多數已開發西方世界正在處理快速老化的人口，這項議題正威脅加重退休基金壓力、老年照護與勞動力可取得性，並且正顯示出改變政治格局的徵兆。與此同時，部分亞洲與中東國家則面臨相反問題，擁有大量不成比例年紀不滿二十五歲的人口，因此它們的挑戰就是創造發展快速的經濟，足以確保為日益成長的工作年齡人口提供有意義的就業機會。人口統計也正在改變全球政治領域，而且具備在全球範圍內改變經濟體之間權力平衡的潛力。錯雜性可能提供深刻見解，理解中國與印度這些發展中的強國，以及非洲或中東國家這些新興經濟體，如何擔綱已開發經濟體一樣的角色。

另一道錯雜要素是持續成長的假設。作者與經濟學家傑夫．魯賓（Jeff Rubin）是評論專家，主張持續成長的假設是錯誤論述，企業、產業消費者和政府有必要做好世界零成長甚至負成長的準備。[2]當然，二〇〇八年金融危機以來，北美成長一直停滯不前；以歷史標準衡量，日本經濟復甦無力幾乎已經二十年。在很大程度上，經濟成長可以極度簡化、說成是奠基於人們一邊生產、一邊購買，但是當想法與概念才是消費性商品時，微幅成長或甚至零成長就可以實現無限的可擴展性。舉例來說，對汽車製造商來說，每多生產一輛待售的新車，就需要一組勞力製造一輛車；這一點與軟體商形成對比，後者只要度過早期研發階段，每多銷售一個附加單元幾乎是零生產成本與零附加價值。

有限度的經濟成長具備幾道錯雜意涵。有些是政治意涵，因為政治家承諾選民一道要是當選就能「命令與控制」成長的複雜觀點；有些是全球意涵，因為成長中心從一國轉移到另一國、從一洲轉移到另一洲；也有些是個人與社會意涵，因為在某些非成長時期，穩定就業市場變成奢侈品。

當前已開發國家的收穫主要是躍升至經濟主導地位，很大部分歸功它們的技術能耐。或許不是明天甚至未來幾年，但慢慢可以肯定的是，下一批崛起成為經濟強權的社會則在很大程度上會借力自己因應錯雜性的能力辦到。

同理，單單倚賴技術技能的管理階層正讓路給同時能管理錯雜性的管理階層。早先有人猜測，史帝夫．賈伯斯二十世紀初在工廠裡幹活的成就，或許不會如他促成蘋果發展一樣成功。同理，我們可以進行實驗，推想亨利．福特在當前的商業環境中能表現得多好。福特在工程與發展現代化工廠的技術能力，可以讓他創造出下一代iPhone、Google、臉書或優步嗎？

適應更錯雜的商業世界

隨著世界變得更錯雜，錯雜性本身有必要演化成一門研究領域、一道討論主旨，以及一場推動有意識發揮錯雜技能的運動。從複雜性思維的態度轉變成錯雜性思考，並不會在旦夕之間發生，改變本身將會以自己的錯雜方式浮出檯面——但是那不代表我們不能先發制人，採取行動促進變革。

改變心態的關鍵方法是借道教育並喚醒意識。我期待這本書正是朝著這個方向積極邁出一步。意識本身即是出色的錯雜性管理工具，一旦確定挑戰或機會，企業創業精神的歷史一再顯示，開發並生產有創造力及有效的解方大有可為。唯一剩餘的問題是，這道解方現在有必要從錯雜性思維而非複雜性思維脫穎而出。

轉向錯雜性心態需要對個人能力產生信心，也對把握機會並接受風險可以獲得好處產生信心；它需要一種可以重覆在複雜性思維與錯雜性思維之間換位思考的智慧。要辦到並不困難，但是需要付出奉獻和有意識的努力。

經營業務而建立的架構也需要演化，特別是政治與法規環境的架構。正如二〇〇八年金融危機清楚昭示，要是規範都奠基於複雜的命令與控制構造之下，即使是最立意良善的法規都會引發意想不到的負面後果。有必要鼓勵更有彈性的法規，更奠基於「法治精神」而非「法律條文」。

政治解方也同樣需要變得更有彈性。趨勢顯示越來越傾向非對即錯的政策，但現實中更適切的態度卻是所謂「變得可能」。實現政治領域變革將會格外困難，因為政治與社會態度相互交織如此緊密。或許本章稍早提到某些議題的錯雜性日益增多，有助這些必要的變革演化。

政治與社會領域必要導入更多錯雜性思維，這是可以另起爐灶的主旨。不過它深刻影響商業，因為越來越多法規採用複雜性思維設計，在試圖解決帶有錯雜本質的經濟問題時注定一敗塗地。有鑑於諸如占領華爾街與阿拉伯之春運動等事件透過錯雜的無領導人方式崛起，或許社會態度的改變將會更容易實現。

●兩種文化

一九五六年，英國科學家暨作家C・P・史諾（C. P. Snow）撰寫一篇名為〈兩種文化〉（The Two Cultures）的文章，[3]之後陸續有一系列演說與書籍問世。他在文中悲嘆科學家的世界與人文主義者的世界涇渭分明的事實，在學術圈更是格外明顯。史諾探討只有極少數任一種文化成員討論自己擅長領域以外的文化可以游刃有餘，他也觀察到，兩種文化的成員似乎互不信任並鄙視另一方族群。他指出一項軼事證據，兩種文化的學術教職員鮮少一起共進午餐。

史諾的觀點並不是強調某一種文化優於另一種，而是兩種文化彼此需要；尤有甚者，為了讓異花受粉的想法發生，個別文化必須有意識地努力理解彼此。

史諾在他的文章中花了相當篇幅怪罪當時學術機構的二分法，並特別強調德國體系與上層階級英國體系之間的差異，前者側重科技與科學知識，後者強調人文學科。史諾主張，問題的根源與解方都繫於教育。

當前管理領域發展也是兩種文化之間的二分法，亦即複雜思想家文化與錯雜性思想家文化。真正有能的管理階層必須理解並精通兩種文化，類似於史諾在一九五六年針對科學和人文科學的論述。

本書聚焦錯雜性的重要性，但目的並非拋棄複雜性思維。複雜性思維肯定在商界與管理界仍有一席之地，但是必須與錯雜性並行存在。同理，以錯雜性為主導的管理若欠缺適當應用複雜性思維，也無法單憑一己之力成功。

但是眼前正在發生的情況是，商界僅可看見相對少數的錯雜性思想家，而且通常是集中在數位與社群媒體企業，其他領域中則是由複雜思想家占上風；尤有甚者，正如史諾所舉範例，這兩大陣營看似並未彼此對話，甚至更讓人憂心的是，還顯現彼此不信任與誤解的跡象。我在前序中描述一場探討風險管理領域錯雜性的演說，揭示聽眾之間意見分歧的局面。其中一邊主張採用更具複雜性思維的手法，另一邊則高喊更有彈性、合乎直覺的做法。熱烈討論接踵而至，雙方陣營看似變得更趨向兩極化，也更堅定捍衛自己的立場。這是兩種文化彼此碰撞的個案，但其實這時他們才應該合作、相互學習。

史諾主張，問題的根源出在教育。現代化專業管理階層非常有可能接受過大學教育，特別是商學院教育充分表明有能力培育出複雜思想家。但它能否也能培育出錯雜性思想家？下一段將介紹朝此方向努力的嘗試作為。

非結構化的模擬

若想改變觀念，就得從某種形式的教育著手。現有教育的既存典範單單基於複雜性思維原則與理論，不僅可能限制重重，更可能產生誤導。錯雜性是一種或許最好透過體驗而非教育領會的概念。錯雜性的微妙之處不容易藉由傳統的授課形式傳達，有必要採用讓學生與管理階層體察錯雜性的全新方法。

傳統商學院的教學法存在幾道問題。傳統授課方式很適合培育技術知識，但是技術知識僅與學生自居為未來的經理將可能面臨的複雜任務有關。這種形式知識正漸漸變成大宗商品，越來越傾向離岸外包與交由自由職業者承包。

蘇格拉底式個案研究法指的是，提供學生真實的商業事件加以分析，由於學生可以閱讀、辯論錯雜的現實問題，因此可以改善傳統授課方式。但是個案研究偏向靜態、只能事後回顧，而且並非總是完整涵蓋競爭的意涵與由此產生具有適應力的錯雜性。個案研究就是無法令人信服地傳達導致錯雜性和乍現的微妙之處。

為了證明競爭的影響，商學院專用的電腦模擬由此而生。雖說電腦模擬導入競爭元素，它們的運作方式卻非常線性、沒有創新空間，學生更常學到當作電腦模型基礎的逆向工程演算式，而非商業或真實、突然出現的競爭。

我的同事與我試圖克服傳統商學院課程的缺點，共同開發一套我們命名為「非結構化的模擬」。設定非結構化的模擬首先要將學生分配成小組，然後每支小組會被告知他們正在扮演一項既定角色，好比管理團隊、企業的董事會、諮詢商、政府機構或是銀行。這些角色可以是任何影響組織決策的組織或角色，關鍵是包含幾個直接與彼此相互競爭的角色。所有小組都收到一段非常簡短的情況描述，接下來兩、三天內便得發揮各自的功能。

第一次，我們先在戴爾豪斯大學與企管碩士班學生演練情境，成立十支四人小組，其中一支小組將扮演一位權大勢大、同時也非常不愛露面的民營企業主，他的本業是大型國際連鎖零售商，下轄許多加盟商獨立擁有並經營的零售門市。這位學生都可能不認得姓名的特定身分老闆，掌握了全公司所有的表決權股份。這家企業正受到沃爾瑪（Wal-Mart）、塔吉特（Target）與其他幾家積極擴張產品線的大型全球零售商強力競爭威脅。第二支小組被指示扮演沃爾瑪的管理階層角色。第三支小組被指定扮演加盟協會（Franchisees' Association）的董事會。其餘七支小組被告知要扮演投資銀行家的角色。

模擬一開始，小組各自的角色都必須保密，沒有任何一支小組知道其他小組扮演什麼角色，唯一資訊是全部小組都會得到一個特定人士的名字，也就是擁有連鎖零售商所有表決權股份的大老闆，以及一項事實，也就是市場正流傳一則謠言，說這位人士正考慮出售股份。他們都各自分配到一間分組討論室，讓他們可以在三天模擬期間內使用。沃爾瑪小組、加盟小組與扮演擁有表決權股份的老闆這支小組也被告知，如果他們想要的話，可以聘請投資銀行提供服務，好幫助他們做出任何可能必須做成的決定。

最初，所有學生都搞不清楚狀況。一開始學生們並不明白這位考慮出售股份的特定人士是何方神聖，因為那個名字對他們來說很陌生；他們也不了解出售這些股票的立即影響可能為何。在設定模擬時，這就是設計的初衷，目的是產生一道初步的困惑和模糊感。現實生活中的商業情境鮮少帶有特定的問題論述，因此首要目標就是要讓學生提出一些明智的問題。在錯雜情境中，被提出來的問題通常比可能提出的答案更有用、更珍貴。

學生擺脫初期缺乏資訊與結構所致的困惑與混沌階段後，很快就開始行動，隨即發展出奇妙的乍現。投資銀行想通，要是股份售出，這家企業也就很有效地被賣掉，因此會出現一道購併商機。雖然班上沒有任何學生具備投資銀行實戰經驗，但是他們體認到，至少有機會從企業手上爭取到預估價值的任務。

正是這個階段，競爭層面開始要白熱化了。隨著投資銀行小組接觸這家企業，他們很快就知道其他小組也正在扮演投資銀行的角色；尤有甚者，學生們很快就確定，在這場模擬中投資銀行的數量遠多於需要投資銀行的潛在的客戶。這幾支小組知道，自己在這場模擬中的評價（即分數）將取決於他們的反應，很快就強化他們的競爭行為。

大約過了一天，股東小組、沃爾瑪小組與加盟小組全都獲得某一家投資銀行的服務。這可是投資銀行彼此廝殺後產生的結果。學生們幾乎是二十四小時不眠不休工作，就好比現實生活中他們會遇到的情境。

在這個階段，四家未能獲得授權的投資銀行被告知，現在假設他們正要代表另一家可能有興趣的企業。這意味著學生們隨後必須考慮，在這家企業可能的求售案中，哪些企業或組織可能有興趣在其中扮演某種角色。每一支小組都必須和協調人接觸，確保他們各自選擇代表的組織沒有獲選。這是整場模擬中唯一一次協調人扮演觀察員以外的角色。

接下來兩天完全是在報價與還價。學生們彼此競爭，試圖協商交易，就好像他們真正參與一樁實戰商業交易。整場模擬結束於每一支小組都完成向股東小組的最終簡報與提案（報價），然後股東小組總結他們自己的論點，也就是概述如果有報價符合期待，他們最終就會決定接受。

當非結構化的模擬這道點子第一次在一群教職員面前提出時，受到奚落反應占大宗。多數教職員認為我們有點失心瘋，很多人存疑真有可能從中學到什麼經驗，而且不相信學生們僅僅得到些許指導就能自己想清楚該怎麼做。感覺上應該要給學生們更多資訊與結構才對，他們也相信在這套提議的極簡主義結構下幾乎學不到什麼經驗。他們表達的最普遍看法是，最終得到的結果只會是一團亂，而且白白浪費三天，搞不好待在教室裡上課還更有收穫。誠然，我也相信非結構化的模擬非常有可能會浪費時間，導引出負面的學習經驗，不過我們成功論證，為了使真正自然發生的學習經歷成為可能，有必要僅提供學生些許指導。刻意將錯雜性元素置入其中讓學生親自經歷，這種學習經驗的必要性是一場值得冒失敗的風險。

從學生的角度來看，「非結構化的模擬」很嚴格、負擔很沉重，卻是絕佳的學習體驗。對許多學生來說，這是第一次他們完全領會，其他人錯雜的適應行為如何讓靜態的商業理論顯得毫無實際意義、不起作用。當我們蒐集反饋意見時最常見的評論就是，他們沒有意識到，在壓力與競爭罩頂的情境中工作，竟然會讓他們與其他人以自己不曾期望的方式採取行動。第二道最常見的評論則是，這是他們在所有求學期間最難忘、最珍貴的學習經驗。五年後的非正式追蹤結果顯示，反應仍然差不多，不過現在他們再補上一句，這場模擬協助他們採取更全面的方式與錯雜性心態，檢視自己面臨的真實商業情境。這就是他們發現最有用的地方。

我們在設定第一場「非結構化的模擬」時，當下是真的不知道會發生什麼事。誠然，它有可能搞出一場災難。也許學生們會選擇不要競爭；或許學生們幾乎會立刻想出「解方」，反倒是讓原定的三天大部分時間都白白浪費了；也有一道風險，亦即整體情境像是前不著村、後不著店，模稜兩可，結果學生從一開始就陷於絕望局面，最終什麼事也沒發生。我們冒了一場風險，而且也許算是很幸運，最終這場學習活動讓人興奮、激動不已。即使是在非常成功地執行「非結構化的模擬」後，我們還是有一些教職員同事懷疑，再試一次會不會是好主意。

我們繼續與不同的學生群體執行「非結構化的模擬」，整體而言最終結果都非常正面，不過無可否認地成功迭代的次數比較少。每一次我們執行「非結構化的模擬」都會採用不同的商業情境，好比是改成諮詢任務而非投資銀行任務。雖說結果整體而言非常正面，主要挑戰是學生們已經從同儕口中獲知有關演練的相關操作知識，這便減損演練本身意義不明的程度，導致競爭與乍現具有些微不同的特徵。對我們這些協調人來說，主要的挑戰在於說服學生這場模擬並沒有所謂「正確」的「執行」方式。學生們似乎都有一種根深柢固的心態，想要尋找根本不存在的複雜解方。帶著一種靈活心態參加模擬的學生們不僅往往表現得更出色，也回報更正面的學習成果。

質疑「非結構化的模擬」價值的聲浪依舊存在。我在幾次學術會議上介紹「非結構化的模擬」相關概念和成果後注意到，學者們都不願相信這類演練可以在他們的制度中發揮作用。某部分來說，這種反應顯示商學院教育將複雜性思維預設為典範的程度極深，因此也說明，更多類似「非結構化的模擬」想法有其必要，以便推進錯雜性思維。

最後的想法

本書的目的一直是想要採取一種對商業從業人員有用的方式介紹錯雜性科學。第二道目標則是啟動一場探討複雜性思維與錯雜性思維之間差異的對話。

我希望你這位讀者終將心領神會這些差異，以及錯雜性在你身為成功的管理階層、在你的組織中扮演顯著角色的收穫闔上本書。

儘管事實上錯雜性可能還無法準確或明確地定義，但它是千真萬確的現象。它在現代生活的各個面向扮演越來越重要的角色，特別是商業，因為它的本質就是競爭與適應的努力作為。

錯雜性依舊是一門發展中的領域，在某些學科中比其他學科更先進，好比自然科學、電腦與數學。我希望本書能在某些小幅範圍內扮演催化劑的角色，推進人們理解管理商界的錯雜性之道。

商界博學份子的運作典範是複雜思想家的典範；反之，時時學習之士的運作典範是錯雜性。

你這位讀者是想堅守傳統簡化主義的「命令與控制」複雜典範，或者是演化成採用錯雜性思維典範尚有待觀察。選擇權操在你手上。一點也不複雜。

致謝

協助我、鼓勵我、教誨我、影響我並敦促我完成本書的貴人清單落落長。我真的得從幾位老師和教授開始列起，我真是三生有幸才能受教於這些在我的求學過程中扮演重要角色的前輩。隆恩中學（Lorne Junior High School）的馬修（Mathews）與希爾（Hill）先生深切影響我的程度遠超乎他們自己所知。他們灌輸我對科學的熱愛與傾盡全力想通始末的企圖心，至今不變。麥穆瑞學院（McMurry College；編按：一九九〇年改制成大學）的杜林（Dulin）、夏普（Sharp）與哈克洛（Harkleroad）博士進一步強化我在博雅教育（liberal arts）的背景下對科學的熱愛。就我理解，我們真的迫切需要領會英國小說家暨物理學家C．P．史諾（C.P. Snow）所著《兩種文化》（Two Cultures）的意涵，以便智力大長進，在這方面博雅教育不可或缺。匹茲堡大學（University of Pittsburgh）的柯恩（Cohen）博士、西安大略大學（University of Western Ontario）的懷特（White）博士採取學術嚴謹性與研究注重的批判性教育滿足我的好奇心。

我也深受上天眷顧得與一票優秀同儕共事，特別是長期擔綱諮詢合作夥伴的史帝芬．麥菲（Stephen McPhie）。史帝芬是我認識的人中最聰明的代表，總是三兩下就挑出我思考不足之處，讓人洩氣得很。加拿大戴爾豪斯大學（Dalhousie University）的珍妮．蓓克勒（Jenny Baechler）、史考特．康柏（Scott Comber），協助我形塑書中幾道構想，提供許多足堪進一步探討的線索；與此同時，我們還常在平價早餐店裡針對各種問題進行有建設性地唇槍舌戰。隨著我一邊發展許多構想之餘，與我合作的客戶本質上就是實驗小組。我感謝他們信任我。我極有福氣得以成為一名學者，這是個人認定最理想的職業。戴爾豪斯大學工商管理碩士企業實習（Corporate Residency MBA）課程的學生都是最多元化、最有創造力的代表，個人深感榮幸能與他們共事。

如果少了多倫多大學出版社（University of Toronto Press）的編輯珍妮佛．迪多梅妮可（Jennifer DiDomenico）付出永無止境的耐性，本書絕無付梓之日。這一路上，她努力不懈地培育這本書，最終為我增添一道作者的身分。她從來沒有放棄我，這枝禿筆難以表達我心中滿滿的感激。我也感謝幕後的匿名審閱者為我檢視幾章草稿，他們的深刻見解有助我更完善潤飾本書，為此我銘謝在心。

最重要的是我得感謝家人。在我的成長過程中，雙親打造一套理想的環境，家姊南西（Nancy）與我可以放任好奇心徜徉其中。南西一向是我的英雄，也是我的勇氣與靈感來源。最終我要謝謝內人與兒女，他們容忍我奇怪的工作時間、撒了滿屋的寫作素材與文獻，以及我每每與他們擦身而過總要隨口提起的各種評論與構想。他們的支持不僅是彌足珍貴，光是這一點我就更加深愛他們。

注釋

序

1. 文中學生姓名經過改變。

第一章

1. 在這道範例中，假設這不是在推銷雜誌訂閱之類的低階產品或服務，那些工作可以外包給客服中心承辦。

2. 若想閱讀一些探討錯雜性且易讀的書籍，可見：Melanie Mitchell, Complexity: A Guided Tour (New York: Oxford University Press, 2009); M. Mitchell Waldorp, Complexity: The Emerging Science at the Edge of Order and Chaos (New York: Simon and Schuster, 1992); John H. Miller and Scott E. Page, Complex Adaptive Systems: An Introduction to Computational Models of Social Life (Princeton, NJ: Princeton University Press, 2009). 感興趣的讀者或許也可去聖塔菲研究院的網站，瀏覽眾多關於錯雜性的素材和課程：https://www.complexityexplorer.org/

3. 對於電腦與機器人如何從根本上改變了人類在工作場域的角色，此處可見一道有趣的觀察：Geoff Colvin, Humans Are Underrated: What High Achievers Know That Brilliant Machines Never Will (New York: Penguin Random House, 2015).

4. 或許乍現最精彩、美麗的自然範例，就是一大群椋鳥以無可預測的隊形飛掠天際。你或許會想上網搜尋一大群椋鳥的影音紀錄，觀賞其中一支捕捉精采畫面的影片。

5. 如前所述，你可能有機會觀賞一大群椋鳥的精采畫面。這是自然世界中有關錯雜性與乍現真實版本的戲劇化明證。

6. Kurt Vonnegut, Jr., Player Piano (New York: Charles Scribner's Sons, 1952).

7. Colors of Infinity by Arthur C. Clarke，這支紀錄片是對曼德博圖形極佳的指南，可在以下網址觀看：https://www. youtube.com/watch?v=pJA8mayMKvY

8. Scott Page, Understanding Complexity. The Great Courses DVD: http://www.thegreatcourses.com/courses/understanding-complexity.html

第二章

本章內容奠基於瑞克・納森一部分的學術論文：“Business School Myths,” Journal of Higher Education Theory and Practice, 11, 4 (2011): 23.

1. D . Kahneman and A. Tversky, “Prospect Theory: An Analysis of Decision under Risk,” Econometrica, 47, 2 (1979): 263.

2. 如果下注單位僅為一美元，可能不容易領會。請自問，倘使賭注是一百萬美元，你會不會願意押注？

3. S .E. Asch, “Effects of Group Pressure on the Modification and Distortion of Judgements,” in H. Guetzkow (ed.), Groups, Leadership and Men, 177–90 (Pittsburgh, PA : Carnegie Press, 1951).

4. 在第六章，透過討論「布萊克－修斯選擇權定價公式開發搭檔」的投資經驗，我們將會看到就這道假設也高度可議。

5. 案例可見：Geoff Colvin, Humans Are Underrated: What High Achievers Know That Brilliant Machines ever Will (New York: Penguin Random House, 2015).

6. 請見：http://www.goodreads.com/quotes/10562-in-times-of-changelearners-inherit-the-earth-while-the

7. V anessa Lu, Toronto Star, 7 April 2014. Available at: https://www.thestar.com/business/2014/04/07/why_ups_said_no_to_left_turns.html

8. H. Mintzberg, The Fall and Rise of Strategic Planning (New York: Free Press, 1994).

9. R . Rebonato, Plight of the Fortune Tellers: Why We Need to Manage Financial Risk Differently (Princeton, NJ: Princeton University Press, 2007).

10. Philip Tetlock and Dan Gardner, Superforecasting: The Art and Science of Prediction (New York: Broadway Books/Crown Publishing/ Penguin Random House, 2015).

11. James Surowiecki, The Wisdom of Crowds (New York: Doubleday, 2004).

第三章

1. 海增白測不準原理指出，個人無法以任意精確度同步知道粒子的位置和動量。測不準原理有助引入量子時代，採用概率測量某方面的亞原子粒子與絕對測量之間的關係。海增白測不準原理也證實，拉普拉斯所說「理論上個人可以知道世界上每一顆粒子的位置和動量」這道信念，在概念上根本不可能。
2. 稍後在第五章，我會討論羅伯・麥納瑪拉如何大幅改變他對科學管理與政策分析的觀點，一如他在二〇〇三年出品的紀錄片《戰爭迷霧：麥納瑪拉的十一條人生經驗》所述。
3. Tom Wolfe, The Bonfire of the Vanities (New York: Farrar Straus Giroux, 1987).
4. Christina Desmarais, "Your Employees Like Hierarchy (No, Really)," Inc.com, 16 August 2012. Available at: http://www.inc.com/christinadesmarais/your-employees-like-hierarchy-no-really.html
5. P.R. Clance and S.A. Imes, "The Imposter Phenomenon in High Achieving Women: Dynamics and herapeutic Intervention," Psychotherapy: Theory, Research and Practice, 15, 3 (1978): 241–7.
6. 肯・羅賓森爵士的ＴＥＤ演說可於此處閱覽：http://www.ted.com/talks/ken_robinson_says_schools_kill_creativity
7. 各式各樣原本由專業人士處理，如今改由電腦或機器人接手的業務，請見：Geoff Colvin, Humans Are Underrated: What High Achievers Know That Brilliant Machines Never Will (New York: Portfolio/Penguin, 2015).

第四章

1. M . Granovetter, “The Strength of Weak Ties,” American Journal of Sociology, 78, 6 (1973): 1360–80.
2. Merriam Webster Online Dictionary: http://www.merriam-webster.com/dictionary/emergence
3. Scott Page, “Understanding Complexity,” The Great Courses DVD: http://www.thegreatcourses.com/courses/understanding-complexity.html
4. 梅伊也撰文討論錯雜性在商業與經濟的角色。一份格外有趣又可得的文章，請見：Robert M. May, Simon A. Levin, and George Sugihara, “Ecology for Bankers,” Nature, 451 (21 February 2008).
5. 本文引自：Thomas Oliver, The Real Coke, The Real Story (New York: Penguin Books, 1986).

第五章

1. Atul Gawande, The Checklist Manifesto: How to Get Things Right (New York: Holt, 2009).
2. 諷刺的是，兩名高手玩圈叉井字遊戲時，有可能最終會打成平手。
3. Eric Ries, The Lean Start-Up: How Today's Entrepreneurs Use Continuous Innovation to Create Radically Successful Businesses (New York: Crown Business, 2011).
4. https://twitter.com/jseelybrown/status/1898163139

5. 若想進一步了解沃瑟．梅爾是如何扮演重要角色，為愛因斯坦的理論奠定數學基礎，請見：W. Isaacson, Einstein: His Life and Universe (New York: Simon & Schuster, 2007).

6. 詳情請見STEM to STEAM網站：http://stemtosteam.org/

7. Henry Mintzberg, Managers Not MBAs: A Hard Look at the Soft Practice of Managing and Management Development (Oakland, CA: Berrett-Koehler, 2005).

8. http://www.goodreads.com/quotes/10562-in-times-of-changelearners-inherit-the-earth-while-the , accessed 15 December 2016.

9. Rita McGrath, "Management's Three Eras: A Brief History," Harvard Business Review, 30 July 2014.

10. Daniel H. Pink, A Whole New Mind: Why Right-Brainers Will Rule the Future (New York: Riverhead Books, 2005).

第六章

1. M.E. Porter, "How Competitive Forces Shape Strategy," Harvard Business Review (March–April 1979): 137.

2. https://www.brainyquote.com/quotes/quotes/d/dwightdei164720.html , retrieved 15 December 2016.

3. https://www.brainyquote.com/quotes/quotes/h/hochiminh347067.html , retrieved 15 December 2016.

4. Robert S. McNamara, with Brian VanDeMark, In Retrospect: The Tragedy and Lessons of Vietnam (New York: Vintage Books, 1966).

5. 紀錄片《戰爭迷霧》中有一個片段，記錄一名記者舉著相機詢問麥納瑪拉，他被稱為「長腿的IBM機器」有何感想。

6. The Fog of War: Eleven Lessons from the Life of Robert S. McNamara (2003). Distributed by Sony Pictures Classics.

7. Michael Porter, Competitive Strategy (New York: Free Press, 1980).

8. M.E. Porter, The Competitive Advantage of Nations (New York: Free Press, 1990).

9. David K. Foot and Daniel Stoffman, Boom, Bust and Echo: Profiting from the Demographic Shift in the 21st Century (Toronto: Stoddart, 2001).

10. Peter Schwartz, The Art of the Long View: Planning for the Future in an Uncertain World (New York: Doubleday Business, 1991).

11. Henry Mintzberg, "The Fall and Rise of Strategic Planning," Harvard Business Review (January–February 1994): 107–14.

12. Ibid., 107.

第七章

1. Gary E. Porter and Jack W. Trifts, “The Career Paths of Mutual Fund Managers: The Role of Merit,” Financial Analysts Journal (July/August 2014): 55–71.

2. M. Mitchell Waldrop, Complexity: The Emerging Science at the Edge of Order and Chaos (New York: Simon and Schuster, 1992).

3. 本文引自圍機計畫官網：http://www.crisis-economics.eu/

4. 一家企業的「燒錢速度」是指，它在開發一項新產品或服務期間花光投資資金的速度有多快。

5. Facebook news release, “Facebook to Acquire WhatsApp,” 19 February 2014. Available at: http://newsroom.fb.com/news/2014/02/facebook-toacquire-whatsapp/

第八章

1. Peter L. Bernstein, Against the Gods: The Remarkable Story of Risk (New York: Wiley, 1996).

2. F. Black, “How We Came Up with the Option Formula,” Journal of Portfolio Management, 15, 2 (1989).

3. F. Black and M. Scholes, "The Pricing of Options and Corporate Liabilities," Journal of Political Economy, 81, 3 (1976).

4. R. Lowenstein, When Genius Failed: The Rise and Fall of Long-Term Capital Management (New York: Random House, 2000).

5. Black, "How We Came up with the Option Formula."

6. 一段格外有趣又易讀的風險心理研究，可見此書：Dan Gardner, Risk: The Science and Politics of Fear (Toronto: McClelland and Stewart, 2008).

7. 關於黑天鵝效應，這本書相當易讀：Nassim N. Taleb, The Black Swan: The Impact of the Highly Improbable, 2nd ed. (New York: Random House, 2010).

8. R. Nason, "Is Your Risk System Too Good?," RMA Journal (October 2009).

9. R. Rebonato, Plight of the Fortune Tellers: Why We Need to Manage Financial Risk Differently (Princeton, NJ: Princeton University Press, 2007).

10. K. Hawley, "Why Airport Security Is Broken – And How to Fix It," Wall Street Journal, 14 April 2012.

11. 完整的ＣＯＳＯ企業風險管理架構，請見其官網：https://www.coso.org/

12. 關於高斯連結函數及其在金融危機中扮演的角色，易讀的解釋請見：Felix Salmon, "Recipe for Disaster: The Formula That Killed Wall Street," Wired, 23 February 2009.

第九章

1. Brad Stone, The Everything Store: Jeff Bezos and the Age of Amazon (New York: Little, Brownzx / Back Bay Books, 2013).

2. Jeff Rubin, The End of Growth (New York: Random House, 2012).

3. C.P. Snow, "The Two Cultures," New Statesman, 6 October 1956.

BA8027

化繁為簡的科學

管理商業裡無序、無法預測、無固定解問題的4大策略

原文書名／It's Not Complicated: The Art and Science of Complexity in Business
作者／瑞克・納森（Rick Nason）
譯者／吳慕書
責任編輯／李皓歆
企劃選書／陳美靜
版權／黃淑敏、吳亭儀
行銷業務／周佑潔、林秀津、賴晏汝

總編輯／陳美靜
總經理／彭之琬
事業群總經理／黃淑貞
發行人／何飛鵬
法律顧問／台英國際商務法律事務所　羅明通律師
出版／商周出版
臺北市 104 民生東路二段 141 號 9 樓
電話：(02) 2500-7008　傳真：(02) 2500-7759
E-mail: bwp.service@cite.com.tw
發行／英屬蓋曼群島商家庭傳媒股份有限公司　城邦分公司
臺北市 104 民生東路二段 141 號 2 樓
讀者服務專線：0800-020-299　24 小時傳真服務：(02) 2517-0999
讀者服務信箱 E-mail: cs@cite.com.tw
劃撥帳號：19833503　戶名：英屬蓋曼群島商家庭傳媒股份有限公司城邦分公司
訂購服務／書虫股份有限公司客服專線：(02) 2500-7718；2500-7719
服務時間：週一至週五上午 09:30-12:00；下午 13:30-17:00
24 小時傳真專線：(02) 2500-1990；2500-1991
劃撥帳號：19863813　戶名：書虫股份有限公司
香港發行所／城邦（香港）出版集團有限公司
香港灣仔駱克道 193 號東超商業中心 1 樓
E-mail: hkcite@biznetvigator.com
電話：(852) 25086231　傳真：(852) 25789337
E-mail：hkcite@biznetvigator.com
馬新發行所／Cite (M) Sdn. Bhd.
41, Jalan Radin Anum, Bandar Baru Sri Petaling, 57000 Kuala Lumpur, Malaysia.
電話：(603) 9057-8822　傳真：(603) 9057-6622　E-mail: cite@cite.com.my

封面設計／陳文德
美術編輯／簡至成
製版印刷／韋懋實業有限公司
經銷商／聯合發行股份有限公司　電話：(02) 2917-8022　傳真：(02) 2911-0053
地址：新北市 231 新店區寶橋路 235 巷 6 弄 6 號 2 樓

■ 2021 年 04 月 08 日初版 1 刷

ISBN　978-986-5482-92-3
定價 400 元

廣　告　回　函
北區郵政管理登記證
台北廣字第 000791 號
郵資已付，免貼郵票

104 台北市民生東路二段 141 號 9 樓
英屬蓋曼群島商家庭傳媒股份有限公司
城邦分公司

請沿虛線對摺，謝謝！

書號：BA8027　書名：化繁為簡的科學　編碼：

請於此處用膠水黏貼

商周出版

讀者回函卡

謝謝您購買我們出版的書籍！ 請費心填寫此回函卡，我們將不定期寄上城邦集團最新的出版訊息。

姓名：________________________ 性別：□男 □女

生日：西元 __________ 年 __________ 月 __________ 日

地址：____

聯絡電話：________________ 傳真：________________

E-mail：____

學歷：□ 1. 小學 □ 2. 國中 □ 3. 高中 □ 4. 大專 □ 5. 研究所以上

職業：□ 1. 學生 □ 2. 軍公教 □ 3. 服務 □ 4. 金融 □ 5. 製造 □ 6. 資訊

□ 7. 傳播 □ 8. 自由業 □ 9. 農漁牧 □ 10. 家管 □ 11. 退休

□ 12. 其他 ________________________________

您從何種方式得知本書消息？

□ 1. 書店 □ 2. 網路 □ 3. 報紙 □ 4. 雜誌 □ 5. 廣播 □ 6. 電視

□ 7. 親友推薦 □ 8. 其他 ________________________

您通常以何種方式購書？

□ 1. 書店 □ 2. 網路 □ 3. 傳真訂購 □ 4. 郵局劃撥 □ 5. 其他 ____

對我們的建議：________________________________

____

____

____

____

____

【為提供訂購、行銷、客戶管理或其他合於營業登記項目或章程所定業務之目的，城邦出版人集團（即英屬蓋曼群島商家庭傳媒（股）公司城邦分公司、城邦文化事業（股）公司），於本集團之營運期間及地區內，將以電郵、傳真、電話、簡訊、郵寄或其他公告方式利用您提供之資料（資料類別：C001、C002、C003、C011等）。利用對象除本集團外，亦可能包括相關服務的協力機構。如您有依個資法第三條或其他需服務之處，得致電本公司客服中心電話02-25007718請求協助。相關資料如為非必要項目，不提供亦不影響您的權益。】

1. C001 辨識個人者：如消費者之姓名、地址、電話、電子郵件等資訊。 3. C003 政府資料中之辨識者：如身份證字號或護照號碼（外國人）。
2. C002 辨識財務者：如信 用卡或轉帳帳戶資訊。 4. C011 個人描述：如性別、國籍、出生年月日。

請於此處用膠水黏貼